村镇火灾多尺度防控策略与适宜性结构技术

Multi-scale Strategies and Appropriate Structural Measures for Prevention of Rural Building Fires

刘永军　著

中国建筑工业出版社

图书在版编目（CIP）数据

村镇火灾多尺度防控策略与适宜性结构技术 = Multi-scale Strategies and Appropriate Structural Measures for Prevention of Rural Building Fires / 刘永军著. — 北京：中国建筑工业出版社，2022.11
ISBN 978-7-112-28123-7

Ⅰ.①村… Ⅱ.①刘… Ⅲ.①农村—火灾—灾害防治—研究 Ⅳ.①X928.7

中国版本图书馆CIP数据核字（2022）第206164号

本书以中国西南地区木结构建筑连片村镇为对象，研究村镇火灾防控策略和适宜性结构技术。书中内容分为8章，分别是：西南地区村镇建筑现状及火灾形势、木结构村镇建筑火灾发生及蔓延机理、村镇火灾多尺度防控策略、村镇建筑火灾蔓延的防控技术、适宜性结构技术的足尺实验研究、适宜性结构技术的模型实验研究、典型构件耐火性能数值模拟、展望。书中内容对中国西南地区木结构建筑连片村寨的火灾防控具有较大的理论价值和实用价值。本书读者对象包括农村规划工作者、消防规划工作者、消防工作管理者、各级政府决策者、相关机构科研工作者、高等学校教师及研究生、传统村落管理及经营者、村镇工匠、关注农村火灾防控的各界人士。

责任编辑：万 李
责任校对：张惠雯

村镇火灾多尺度防控策略与适宜性结构技术

Multi-scale Strategies and Appropriate Structural Measures for Prevention of Rural Building Fires

刘永军 著

*

中国建筑工业出版社出版、发行（北京海淀三里河路9号）
各地新华书店、建筑书店经销
北京点击世代文化传媒有限公司制版
北京建筑工业印刷厂印刷

*

开本：787毫米×960毫米 1/16 印张：11½ 字数：172千字
2022年11月第一版 2022年11月第一次印刷
定价：**49.00**元
ISBN 978-7-112-28123-7
（40275）

前 言

Foreword

我国西南地区的农村，有很多具有民族特色的传统村寨，村寨中有很多木结构建筑。近些年，这些建筑发生了一些烧毁单体建筑及连片建筑的火灾，在经济、生命、环境、文化、政治等方面造成了不可低估的损失。如何降低火灾特别是“毁村灭寨”的大规模连片火灾的发生概率，是迫切需要解决的问题。村寨火灾防控不仅仅是安全问题，还是社会问题和政治问题。

西南地区村镇火灾不同于城市火灾，不能把城市火灾防控的方法和技术，直接套用于村镇。村镇火灾防控，需要考虑村镇的经济、技术、地形、地貌、风俗、文化、历史等，提出适宜性的符合农村实际情况的火灾防控策略和技术。

本书的主要内容包括两大部分。在防控策略方面，强调多尺度，引入了“火灾外部蔓延阻隔区”的新概念，为西南地区木结构建筑连片村镇的火灾防控提出了新的思路。在防控技术方面，强调适宜性，研发了一些新的结构技术，为西南地区木结构建筑连片村镇的火灾防控提供了新的选择。具体地说，本书包括以下内容：第 1 章，西南地区村镇建筑现状及火灾形势，属于需求分析，表明迫切需要进行火灾防控研究；第 2 章，木结构村镇建筑火灾发生及蔓延机理，属于机理分析，为根据机理有针对性地提出防控策略和技术提供依据；第 3 章，村镇火灾多尺度防控策略，探讨了村镇火灾防控的新策略，提出了新概念；第 4 章，村镇建筑火灾蔓延的防控技术，基于燃烧学、传热学、工程力学等相关知识，从结构的角度，提出了一些适宜性技术措施；第 5 章，适宜性结构技术的足尺实验研究，第 6 章，适宜性结构技术的模型实验研究，第 7 章，典型构件耐火性能数值模拟，第 5 ~ 7 章，通过实验研究和数值模拟两种手段，对适宜性结构技术进行了系统深入的研究，证明了新技术的优越性；第 8 章，对村镇火灾防控策略与技术的未来发展进行了展望。

本书提出的“多尺度防控策略”和“适宜性结构技术”中的很多内容还处于探索之中，诸多方面有待进一步发展和完善，敬请读者和专家多提宝贵意见和建议。

衷心感谢中国建筑科学研究院防火研究所的专家刘文利、孙旋、仝玉、刘庆、孟天畅、袁沙沙等的指导与合作；衷心感谢沈阳建筑大学土木工程学院课题组老师谷凡、毕然、王宇、宋岩升、马军等的辛勤工作；衷心感谢研究生张翰天，蔡炎、张凤丽、田雨佳、刘伟业、于涛郡、李亚雄、苏志伟、苏悦、王长进、吴灏暄、庄喜弘、郭世庆、赵鸿博、姚悦、王紫怡等的奉献和付出。

特别感谢两位导师——中国工程院院士范维澄教授和俄罗斯工程院院士李宏男教授的支持、帮助。

本书得到“十三五”国家重点研发计划课题（名称：村镇建筑火灾灾变机理与适宜性防火理论体系，编号：2018YFD1100403）的资助，在此表示感谢。

刘永军

2022 年 6 月

目录

Contents

第1章

西南地区村镇建筑现状及火灾形势

1.1 中国村镇建筑主要类型

我们伟大的祖国，位于亚洲东部，太平洋西岸，陆地面积约 960 万 km^2，地大物博，气象万千。中国拥有五千年历史，是世界上历史最悠久的国家之一，有着光荣的革命传统和光辉灿烂的文化。

我国是一个农业大国，农村人口比重较大。据国家统计局 2019 年数据，全国人口 140005 万，农村人口 55162 万，占比约 39.4%，居住在约 31550 个乡镇中。在生生不息的繁衍发展过程中，乡村人民因地制宜，建设了大量的居住建筑。这些民居，是自然条件、民族精神的写照，是生存智慧、社会伦理、审美意识、防灾理念等文明成果的重要载体。

受自然气候、民族文化等方面的影响，我国各地的民居、建筑风格异彩纷呈。2013 年 12 月，住房和城乡建设部启动传统民居调查，组织 1200 余名专家学者，历时 9 个月，调查了大陆 31 个省、自治区、直辖市归纳出 564 种民居类型，香港特别行政区、澳门特别行政区、台湾地区，归纳出 35 种民居类型，累加到一起，中国共 599 种民居类型。2014 年，在中国建筑工业出版社出版了《中国传统民居类型全集》（图 1–1），包含上册、中册、下册三本，共约 1300 页，全面介绍了中国传统民居。

图 1–1　中国传统民居类型全集封面

我国的传统民居，木材是最主要的建筑材料，此外，还大量使用石材、生土等天然材料以及黏土砖、瓦、石灰等人工材料，体现了因地制宜、顺应自然的理念及智慧。在东北、西北、华北等寒冷地区，出于保暖的要求，需要厚实的墙体，因此大量采用石墙、砖墙、土墙等围护结构，屋顶也厚实隔热。在西南地区，如贵州、云南、广西，由于气温较高，雨量充沛，物种繁多，树竹丰富，民居建筑除了屋顶使用瓦片以外，其余材料均为木材和竹材，大量的墙体为单层木板墙；楼板采用单层木楼板；屋顶采用冷摊瓦系统或者望板－瓦片系统；柱、梁、椽也都为木材。西南地区民居中采用大量木材，导致火灾发生和蔓延的概率明显增大。

到了近现代，钢材、混凝土、玻璃、瓷砖等现代建筑材料，在村镇建筑中使用量逐步增大，使村镇建筑更加经久耐用，提升了抵抗各种自然灾害的能力，同时，也出现了风格单一、缺乏特色、各地趋同、与传统建筑风格难以协调等新的问题。

1.2　西南地区村镇建筑简介

西南地区的村镇建筑，以木结构为主，火灾风险大、过程复杂、后果严重。因此，课题组实地调研了黔东南、桂西北、湘西等地区的典型村落的村寨建筑，包括广西龙胜县金竹壮寨；贵州黎平县黄岗村；贵州黎平县肇兴侗寨；湘西花垣县十八洞村，贵州榕江县高硐村，贵州榕江县高赧村等，这里对主要村寨的建筑进行简要介绍。

根据建筑结构的抗火性能，可以把这些村镇建筑大致划分为三类：①具有30年以上房龄的传统木结构建筑。这类建筑的特点是：建筑布局、建筑材料、建筑技术、使用方式，均沿袭传统，具有当地传统建筑的风貌，能够记住乡愁。这些建筑内，大多居住着在当地生活了很多年的村民，保留了传统的生活习惯，民风淳朴。存在的问题是抗火性能、隔火性能等方面，均严重不足，存在发生火灾和被相邻建筑火灾波及的隐患。②具有传统建筑风貌、采用传统技法建造的新建筑。这类建筑房龄都小于30年，是近些年开发乡村旅游的产物。这类建筑往往都是当地民宿，供游客使用。外部具有当地传统建筑的风貌，内部往往拥有良好的生活设施，有的甚至安装了火灾探测器、自动水喷淋设备，具有较好的火灾安全性能。但是，由于建筑材料仍然以木材为主，结构形式沿用传统方式，万一发生火灾，耐火性能尚显不足，仍有很大的建筑倒塌以及火灾蔓延的风险。③采用耐火性能较好的建筑材料建造的建筑。这类建筑大多位于旅游业较为发达的村镇，用途多为宾馆、酒店、商业中心等。采用较多的建筑材料为混凝土、型钢、黏土砖。这些建筑的外立面、屋顶、室内的风格，还是尽力与传统建筑保持一致，但是，阻燃性能、隔火性能、抗火性能已经达到了相当高的水准。

下面，对调研的主要村寨中的这三类建筑，进行较详细的介绍。

1.2.1 金竹壮寨

金竹壮寨（图 1–2）位于广西壮族自治区龙胜县龙脊镇，共有 98 户，430 余人。寨中建筑全部为具有鲜明壮族风格的木结构吊脚楼（图 1–3)。1992 年曾被联合国教科文组织誉为“壮寨的楷模”；2007 年被评为中国首批“中国景观村落”；2014 年获评国家民委首批“中国少数民族特色村寨”。

2017 年 11 月 30 日晚 8 时左右，该村发生了火灾。为了防止火灾从一座建筑物蔓延到另一座建筑物，居民们不得不拆除附近的房屋。此次火灾共烧毁民房 9 户，破拆 11 户，最终有 20 余栋居民建筑被毁，幸运的是没有人丧生。

（a）远眺

（b）鸟瞰

图 1–2　美丽的金竹壮寨

（a）

（b）

图 1-3　金竹壮寨的传统民居

火灾后，当地在原址重建了吊脚楼。新的楼房依然采用传统材料、传统技法，外形保持了传统风貌，室内设施改进明显，但是，房子成本也不断提高。图 1-4 是典型的火灾后重建建筑。

（a）重建的民宿之一——龙脊味道

（b）重建的民宿之二——廖静家

（c）典型的木板墙及通风口

（d）远眺重建后的金竹壮寨

图 1-4　浴火重生的金竹壮寨

金竹壮寨的建筑，主要为两类：建成多年的老木结构建筑；火灾后的新木结构建筑。这些房子的主要构件为：柱、梁、楼板、屋顶；屋顶系统包括：檩、椽、望板、瓦片（图 1–5）。

（a）冷摊瓦屋顶　（b）木望板屋顶

（c）内柱、主梁、次梁、楼板、内墙板　（d）外柱、柱础、外墙板

图 1–5　金竹壮寨木结构建筑主要构件

1.2.2　黄岗侗寨

黄岗村是贵州省黔东南黎平县双江镇下辖村落，距镇政府所在地 20km，下辖两个自然村，11 个村民小组，共计 369 户，共计 1700 余人。全村在册耕地面积 5033.16 亩，林地面积 28656.6 亩。村民沿河自上而下

居住，两条小溪穿寨而过，为侗族村寨。黄岗侗寨的田园山水村庄相映成景，人与自然和谐相融，村中木楼、鼓楼、戏台、风雨桥等民族风情建筑一应俱全，2012 年入选第一批“中国传统村落”名录。黄岗侗寨的房屋主体坐落于一块平坦的区域，十分密集，蔚为壮观（图 1–6），图 1–7 是黄岗侗寨传统的木结构建筑。

图 1–6　黄岗侗寨局部

（a）

（b）

图 1–7　黄岗侗寨传统的木结构建筑

黄冈侗寨的新建建筑中，既有传统的全木结构建筑（图 1–8），也有钢筋混凝土结构的建筑。这是一个良好的趋势，大量采用钢筋混凝土结构，对于提升整个村寨的火灾安全水平，具有重要意义。

（a）

（b）

图 1–8　施工中的木结构建筑（黄岗侗寨）

1.2.3　肇兴侗寨

肇兴侗寨（图 1–9），位于贵州省黔东南苗族侗族自治州黎平县东南部，是全国最大的侗族村寨之一，素有“侗乡第一寨”之美誉，2005 年被《中国国家地理》评选为“中国最美的六大乡村古镇”之一。肇兴侗寨四面环山，寨子建于山中盆地，两条小溪汇成一条小河穿寨而过。寨中房屋为干栏式吊脚楼，鳞次栉比，错落有致，大多用杉木建造，硬山顶覆小青瓦，与自然环境融为一体，古朴实用（图 1–9 ~ 图 1–11）。

图 1–9　美丽的乡村——贵州肇兴侗寨

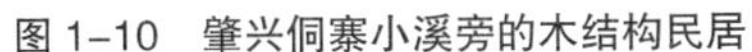

图 1–10　肇兴侗寨小溪旁的木结构民居

图 1–11　施工中的传统木结构建筑

肇兴侗寨旅游开发较早，商业气息浓厚，乡村经济繁荣，村民安居乐业。从肇兴侗寨，我们清晰看到了村镇建筑的发展趋势，也隐约看到了中国乡村的美好未来。

1.2.4　湘西苗寨——十八洞村

十八洞村位于湖南省花垣县双龙镇，由梨子寨、竹子寨、当戎寨、飞虫寨 4 个自然村寨构成（图 1–12），239 户，946 人，为苗族特色的中国传

（a）梨子寨　（b）竹子寨　（c）当戎寨　（d）飞虫寨

图 1–12　美丽的十八洞村

统村落，先后荣获“中国传统村落”“全国少数民族特色村寨”“全国乡村旅游示范村”“中国美丽休闲乡村”“国家森林乡村”等殊荣。十八洞村八分山一分水、半分建筑半分田，村寨依山就势、临空筑房，民居特色鲜明，苗族风情浓郁。

2013 年 11 月 3 日，习近平总书记视察十八洞村，在梨子寨首次提出了“实事求是、因地制宜、分类指导、精准扶贫”的重要论述。从这一天开始，中国拉开了扶贫攻坚新的序幕，吹响了全国精准扶贫最嘹亮的号角，十八洞村也开始走出大山，走出湘西，走出湖南，走向全国乃至世界，成为联合国世界减贫的示范基地。

十八洞村的传统民居主要有两类：①纯木结构建筑（图 1–13）。这类建筑的主体结构、墙板等围护结构、屋顶的承力结构均为木材，这种建筑的风格、工艺与黔东南、桂西北的颇为相似。②竹篾黏土外墙木结构建筑（图 1–14）。这种建筑的主体结构采用木结构，围护结构采用竹篾黏土外墙。竹篾黏土外墙和纯木板外墙相比，具有较好的隔热性能、耐火性能，且造价低廉，体现了当地居民因地制宜、就地取材、顺应自然的生存智慧。

（a）维修中的纯木结构建筑

（b）柱、梁、枋及冷摊瓦屋顶

图 1–13　传统的木结构建筑

（a）竹篾黏土侧墙

（b）竹篾黏土山墙

图 1–14　木结构建筑的竹篾黏土外墙

1.2.5　村镇建筑发展趋势

近些年，为了改善农村生活条件，建设绿色宜居乡村，西南地区相继进行了六改（寨改、房改、厨改、水改、电改、路改），住房建设出现了一些新的趋势，很多建筑使用了现代主流建筑材料，结构的抗火性能得到显著提高，村寨火灾安全性能得到改善。具体地说，村镇建筑出现了以下趋势。

1. 主体结构为钢筋混凝土结构、钢 – 混凝土组合结构，外表为木结构

这类建筑主要是经济比较发达的村寨的商业建筑、公用建筑。图 1–15 是肇兴侗寨主街北侧的一个商业建筑，整体风貌与周边环境十分协调，原为一家饭店，内部的主体结构是钢筋混凝土框架。

（a）

（b）

图 1–15　内混凝土外木建筑——肇兴侗寨

图 1–16 是肇兴侗寨主街上的一幢火灾后重建的商业建筑，实际上是一幢“混凝土—钢—木—砖”混合结构。其主要的柱、梁均采用 H 型钢，楼板及楼梯采用钢筋混凝土，墙体为黏土砖墙，屋顶为传统“冷摊瓦”。

（a）施工中的组合结构

（b）传统的冷摊瓦屋顶系统

（c）钢梁、混凝土楼板及楼梯、砖墙

（d）钢柱及外部木柱

图 1–16 火灾后重建的“混凝土 – 钢 – 木 – 砖”组合结构

这类建筑，外观与传统的木结构建筑相同，但结构本身的抗火性能比纯木结构有了质的飞跃，实现了安全与环境的有机统一。美中不足的是，屋顶系统的抗火性能仍显不足。

2. 底层钢筋混凝土框架结构加上部传统木结构

这类建筑主要是民居（图 1–17），底层的混凝土结构主要用作厨房和卫生间，上部木结构用于居住和生活，火灾安全性能比纯木结构有较大提高。

（a）高硐村某住宅

（b）黄岗村某住宅

图 1-17　底层钢筋混凝土框架结构上部木结构

3. 砖木混合结构

一种是将房屋底层的所有木板墙改为砖墙，房间用作厨房、客厅（图 1-18）；另一种是厨房的木板墙改为砖墙（图 1-19）。木板墙改为砖墙以后，可以显著提升墙体的抗火性能。

还有一种情况，在木结构主体建筑的附近，建造附属的砖混结构（图 1-20），用作厨房及卫生间，便于干湿分离，改善居住质量，同时分离明火，提升火灾安全性能。

4. 屋顶系统的发展趋势

西南地区村镇建筑，主体结构及外墙变化较大，但屋顶系统变化不大，仍然以冷摊瓦屋顶以及木望板瓦片系统屋顶为主，有少量建筑的屋顶为树皮或者彩钢板等材料。

图 1-18　底层的木板墙改造为砖墙（黄岗村）

图 1-19　厨房的木板墙改造为砖墙（黄岗村）

（a）　　　　（b）

图 1–20　主体木结构与附属砖混结构（高赧村）

黏土烧制的传统瓦片，存在易于滑落、易于破碎、存在缝隙等诸多不足，对阻止火灾蔓延十分不利。一个值得注意的变化是，出现了黏土瓦片的替代品（图 1–21a），这种新型瓦片面积较大，易于安装，外观与传统瓦片一致，应用以后，可以保证村寨屋顶外部风貌不发生明显改变（图 1–21b）。新型瓦片，是现代化工材料，燃烧性能等级能达到 B1 级，属于难燃，离火即熄，对农村老旧木结构建筑的抗火改造具有重要意义。

需要指出的是，也有一些村民选用彩钢板屋顶（图 1–22），外部风貌改变较大，与自然景色不甚协调，应该尽量避免。

（a）传统瓦片与新型瓦片

（b）新型瓦片屋顶

图 1–21　新型大面瓦片及其应用

图 1–22　某村寨使用彩钢板屋顶后的外部风貌

1.3　西南地区村镇火灾概况

西南地区村寨建筑的材料主要为木材。由于木材是可燃材料，且未经过阻燃处理，消防设施不足，发生建筑火灾以后，火灾在建筑内部的蔓延较快。火焰从建筑内部溢出以后，会迅速蔓延到相邻建筑，进而可能会蔓延至整个村寨，形成“灭村大火”。廖君湘对 1999 年至 2012 年侗族村寨发生的 23 起火灾进行了统计和简要介绍，总结了侗寨火灾的基本特征，可参考了解。

这里，仅以黔东南州农村为例，50 户以上木结构房屋连片村寨共 3922 个，其中中国历史文化名村 7 个，中国世界文化遗产预备名单 21 个，国家级生态村 5 个，中国传统村落 309 个（2017 年数据）。重特大火灾时有发生，消防安全形势十分严峻。

笔者对西南地区村镇火灾特别是“木结构连片建筑火灾”进行了较系统的梳理和分析，研究了结构倒塌及外部蔓延机理，指出了需要深入研究的问题。这里，简要介绍一些典型的连片木结构建筑火灾。

1.3.1 巨洞村火灾

巨洞村是贵州省从江县著名的侗族古村落（图 1–23a）。2005 年 11 月 10 日凌晨 2 时 10 分左右，巨洞村发生严重火灾，83 座木质居民楼全部烧毁（图 1–23b），3 人不幸遇难。

（a）火灾前

（b）火灾后

图 1–23 贵州省从江县巨洞村

1.3.2 林略村火灾

林略村（图 1–24a）位于广西壮族自治区三江县。2009 年 11 月 6 日当地时间凌晨 2 时左右，林略村发生大火，196 幢居民楼被烧毁（图 1–24b），5 人丧生。

（a）火灾前

（b）火灾后

图 1–24 广西壮族自治区三江县林略村火灾

1.3.3　报京侗寨火灾

贵州省镇远县报京侗寨村是一个著名的侗族古村落，已有 300 多年的历史（图 1–25a）。2014 年 1 月 25 日 23 时 30 分许，报京侗寨发生严重火灾，184 栋木质居民楼全部被烧毁（图 1–25b）。

（a）火灾前

（b）火灾后

图 1–25　贵州省镇远县报京侗寨

1.3.4　葫芦村火灾

葫芦村（图 1–26a），位于湖南省保靖县的葫芦镇。2019 年 10 月 5 日当地时间晚上 7 点 50 分左右，几乎所有的传统木质建筑都被烧毁。为防止火势从一幢建筑物蔓延至另一幢建筑物，除有 62 幢建筑物被直接烧毁外，共有 6 幢建筑物被拆毁（图 1–26b）。共有 283 人失去家园，幸运的是，没有人失去生命。

（a）火灾前

（b）火灾后

图 1–26　湖南省保靖县葫芦镇葫芦村

1.3.5 翁丁寨火灾

翁丁寨（“翁丁”，佤语意为云雾缭绕的地方）是云南省第一批非物质文化遗产保护单位和历史文化名村，佤族历史文化和特色建筑保留最为完整的佤族群居村落。翁丁村位于临沧市沧源县勐角民族乡境内，距离县城33km，核心区域翁丁寨有近400年的建寨历史，翁丁村分为老寨和新村两个部分，共有105户，520余佤族同胞，十几户住在老寨，其余住在新村。老寨的房子均为特色佤族民居，主体结构以竹木上加茅草屋顶（图1–27），房屋连片、间距很小，火灾风险性较高。2021年2月14日17时30分许，翁丁村老寨发生火灾（图1–28），老寨105户民居，仅剩下4栋房子相对完好的房子。

（a）

（b）

图1–27　翁丁寨典型建筑——竹木结构＋茅草屋顶

（a）火灾前

（b）火灾中

图1–28　云南省沧源县勐角民族乡翁丁村

1.4　西南地区村镇建筑存在的火灾安全问题

西南地区的农村，特别是少数民族村寨，还存在以下一些亟待解决的火灾安全问题：

（1）电线线路老化及负荷较低问题。随着经济的发展，农村的各种家用电器、农用机械逐渐增多，电路负荷增加，因电起火的比例居高不下。

（2）木结构建筑内部火灾快速蔓延问题。西南地区村寨中吊脚楼的建筑面积普遍较大，容纳了大量生活用品、农具、粮食、杂物，可燃物多；吊脚楼的内部墙板和楼板多为单层木板，耐火时间短，易于烧穿；木楼开口较多，气流通畅；这些因素导致火灾发生后易于在内部蔓延。

（3）木结构建筑之间火灾直接蔓延问题。县地区村寨多处于山区，平地较少，导致各家各户住宅之间的距离很近，致使火灾特别容易在建筑之间直接蔓延。

（4）木结构建筑之间火灾隔空蔓延问题。吊脚楼开口多，面积大；屋外烧柴等堆放物多，极易因为带火飞屑引起建筑之间火灾隔空蔓延。

（5）消防建设欠账问题。多数村寨自身消防建设投入不足，加上山高路远，城镇消防力量远水难救近火，青壮年在外打工，留守的多为老年、少年、妇女，自救力量有限，导致万一发生火灾难以有效控制。

村镇火灾和城市火灾在发生发展机理、消防救援力量等方面有着很大的区别，有自身独特的规律，需要深入研究村镇特别是木结构连片村寨的火灾发生机理和蔓延规律，建立有别于城市的火灾防控理论，提出有针对行的适宜性技术措施。本书将对这些问题进行探索，重点从建筑及结构的角度，开展木结构建筑连片地区的火灾防控问题。

本书主要内容是介绍我国西南地区村镇建筑的特点和火灾现状，分析村镇火灾内部蔓延和外部蔓延的机理，构建村镇火灾防控的“多尺度防控”理论体系，提出遏制火灾蔓延的适宜性技术措施，为减少“灭村大火”的发生概率和频率，提供理论依据和技术支撑，增加村民的安全感、幸福感，为建设宜居、美丽、安全的新农村保驾护航。

本章参考文献

[1] 中华人民共和国住房和城乡建设部．中国传统民居类型全集（上册）[M]. 北京：中国建筑工业出版社，2014.

[2] 周华平．走过废墟地——广西三江县独峒屯“7·19”特大火灾事故追踪 [J]. 中国消防，2005，26（16）：34-35.

[3] 廖君湘．侗族村寨火灾及防火保护的生态人类学思考 [J]. 吉首大学学报（社会科学版），2012，33（6）：110-116.

[4] Yongjun Liu，et al.（2019）Research Progresses and Needs on Fire Safety of Rural Building in Southern Region of China[C]. IOP Conference Series：Earth and Environmental Science，371：032083.

[5] Yongjun Liu，et al.（2021）Mechanism and Preventive Measures of External Fire Spread in Southwest Chinese Traditional Villages[C]. IOP Conference Series：Earth and Environmental Science，643：012149.

第2章

木结构村镇建筑火灾发生及蔓延机理

第1章主要介绍了我国西南地区木结构村镇建筑的主要形式及火灾案例，说明遏制连片火灾频发态势的重要性和紧迫性。本章主要分析木结构村镇建筑火灾发生原因以及蔓延机理，为有针对性地提出防控策略与适宜性技术提供依据。

2.1 木结构村镇建筑火灾原因总结

2.1.1 火灾原因总结

据统计，云南、贵州等西南地区农村火灾的主要原因为:生活用火不慎、电气故障及电线老化、吸烟、小孩玩火。其他原因有：电动车起火、用火不当等。

2.1.2 电器故障及电路老化引发火灾机理

农村电火原因通常可以归纳为四种，第一种是多个家用电器共用一个插排，或者使用脱粒机等农业机械，致使插排过热而引发燃烧（图2–1）。第二种是电线老化、导线裸露，加之负荷变大引起整个电路中的某个薄弱部位发热进而引发燃烧（图2–2）。第三种是插头与插排虚接产生稳定电弧而导致周围物质燃烧（图2–3）。第四种是其他原因，如劣质电器、充电器、电褥子等使用不当引发火灾。

图2–1 负荷过大，插座起火

图 2-2　电线起火

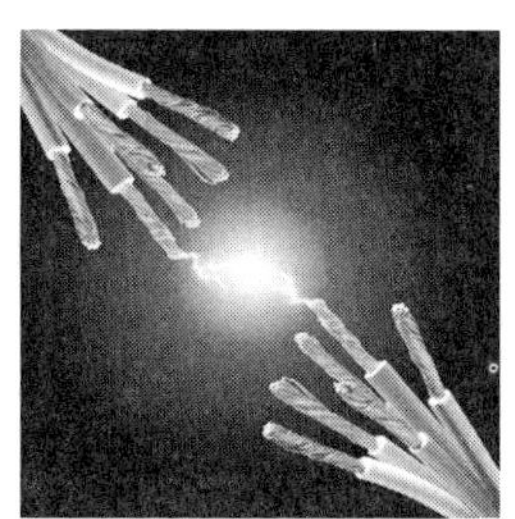

图 2-3　电弧起火

当插头与插座虚接时，只要电压超过 20V，电流超过 1A，在虚接间隙（也称弧隙）中通常产生一团温度极高、发出强光且能够导电的近似圆柱形的气体，这就是电弧。电弧是一种气体放电现象，也是一种低温等离子体。等离子体是与固体、液体、气体并列的物质第四态，宇宙中约 90% 的物质都是等离子体。如果电弧的持续时间较长，周围的可燃物质就会被点燃，许多重大火灾是由电弧引起的。目前，市场上已经有灭弧开关等专门针对电弧的电子设备，值得推广应用。

2.1.3　村镇常见材料的燃点

1. 棉布、丝绸、羊毛衫

原棉中纤维素的含量在 88% ～ 96% 之间。棉布的主要成分为纤维素，温度达到 240℃时，棉布开始热解，棉布的燃点在 270 ～ 300℃之间。丝绸主要由丝素和丝胶组成，两者的蛋白质含量在 97% 以上，温度达到 290℃开始热解，燃点 170℃。羊毛的主要成分为蛋白质，温度达到 200℃时开始热解，羊毛织物的燃点在 570℃左右。棉布、丝绸、羊毛制成的衣服、裤子、裙子、毛衫、毛衣、围巾等穿戴物品，以及窗帘、桌布、沙发罩等日常用品，属于薄型材料，遇到明火或烟头、带火飞屑时，很容易被点燃（图 2-4）。

图 2-4　电路负荷过大着火，威胁沙发

2. 纸张、化纤、塑料、杂草

纸张的类型很多，燃点也存在差别，一般纸张燃点为 130℃，报纸的燃点为 185℃，有些纸张的燃点能达到 230℃。化纤织物的种类也比较多，燃点通常在 210℃，尼龙的燃点能达到 500℃。塑料的种类也有很多，燃点也有不同，聚丙烯的燃点约为 570℃，聚苯乙烯的燃点在 488 ~ 496℃之间，PVC 的燃点在 435 ~ 557℃之间，聚氨酯的燃点为 416℃。杂草的种类、湿度等因素会影响杂草的燃点，一般常见干枯杂草燃点为 150 ~ 200℃，因此，比较容易被点燃。

3. 木材

木材的主要化学成分有碳、氢、氧、氮等元素，这些元素以纤维素、木质素、多缩己糖、多缩戊糖、蛋白质、树脂等有机物的形式存在，其中，纤维素是最主要成分，大体占 50%，其分子式为（$C_6H_{10}O_5$）$_n$。木材加热到 130℃时，水分开始蒸发，接着开始有微弱分解；150℃时有显著分解，分解产物主要是水分和二氧化碳；温度达到 200℃时，纤维素开始热解；温度达到 270 ~ 380℃时，木材发生剧烈分解，生成一氧化碳（CO）、甲烷（CH_4）、乙烷（C_2H_6）、氢（H_2）等可燃气体，分解的残留物为 30% ~ 38% 的碳。

木材加热分解过程中，可燃气体的浓度不断变化，可燃气体析出量较少时遇到明火，会发生闪燃，可燃气体析出量继续增加，会被明火引燃；若无明火，温度升高到一定数值，可能发生自燃。需要指出的是，自燃点的温度值与可燃气体和氧化剂的混合比密切相关。混合比数值存在上限和下限，混合比太大（称富燃料）或太小（称贫燃料），混合气都不会发生自燃。

木材是土地中生长出来的自然材料，因此，木材的成分、性质与木材的种类、产地等因素密切相关，即使同一产地的同一种木材，各种性能也会在一定范围内波动。杉木是中国西南地区木结构村镇建筑最常用一种材料，其燃点为 240℃，自燃点为 421℃。

2.1.4 户外杂物引燃木结构建筑案例

木结构建筑外的杂物燃烧后，引燃木结构建筑的案例并不鲜见。2018

年 12 月 18 日清晨 6 时，黔东南州凯里市南花村三组发生火灾，过火面积达 964 平方米。火灾共造成 4 栋房屋被毁，受灾 5 户 22 人。据了解，火灾起因是 69 岁的村民李某将炉灰倒在楼下牛干粪上，由于炉灰里夹杂明火引燃了牛干粪，最终酿成悲剧。

挪威的杂草引燃木结构建筑的案例。挪威西海岸著名的城市特隆赫姆（Trondheim）附近有一座音乐史博物馆，馆址设在林木蔚秀的灵维庄园，因此又叫灵维博物馆（Ringve Museum）（图 2–5）。

（a）火灾前

（b）火灾中

图 2–5　灵维博物馆鸟瞰

2015 年 8 月 3 日上午 10：30，员工在一幢 2 层的木结构建筑附近焚烧杂草，低估了杂草燃烧的危险性，引燃了木墙板，导致燃烧蔓延到室内（图 2–6），使二楼和阁楼内部装饰以及藏品受到较大损失。幸亏室内安装了喷淋系统，加之消防队及时赶到，否则后果不堪设想。图 2–7 是火灾后木墙的外部烧损情况及内部碳化情况。

（a）消防队员破拆外墙和屋顶

（b）阁楼屋顶冒出浓烟

图 2–6　火灾中的灵维博物馆

（a）建筑的木墙外部局部烧损

（b）建筑木墙内部局部严重碳化

图 2–7 火灾后外墙和室内情况

2.2 木结构村镇建筑火灾内部蔓延机理

2.2.1 概述

这里的火灾内部蔓延有两个方面的含义：①燃烧发生后，在室内一定空间内由点到面的蔓延；②火灾从一个房间向另一个房间的蔓延。

通常，建筑火灾内部蔓延有以下几种方式：通过窗口溢流（俗称火舌）纵向蔓延到楼上房间；烧穿木楼板纵向蔓延到楼上房间；热气流通过楼梯口流动到楼上而引起火灾纵向蔓延；通过内部木墙板上的业已存在的缝隙、洞口，直接蔓延到隔壁房间；烧穿木墙板水平蔓延到隔壁房间；联通两个房间之间的金属构件导热传导引起火灾蔓延。

2.2.2 烧穿楼板引起纵向蔓延

能够捕捉到楼板烧穿过程的视频非常少见。2022 年 8 月 23 日，课题组在贵州进行的木结构抗火性能实体火灾实验中，用视频设备记录了楼板烧穿过程。图 2–8（a）是楼下房间开始点火时的情况，图 2–8（b）是楼下烟气透过楼板缝隙进入楼上的情况，图 2–8（c）是点火后 601s 火焰烧穿楼板进入楼上的情况。

图 2-8　楼板的烧穿过程

图 2-9 显示了楼板烧穿后燃烧逐步扩大直至轰燃的过程，在此之前，类似的视频也很少见。从点火到楼板烧穿经历 601s，从点火到二楼轰燃经历大约 640s。火灾发展过程表明，提升楼板的抗火性能是十分重要的。

图 2-9　楼板烧穿后燃烧逐步扩大直至轰燃的过程

2.2.3　楼梯口热气流引起火灾纵向蔓延

楼梯口引起的火灾蔓延，通常有三种形式。第一种，当房间内的火灾发生轰燃以后，气体压力急剧增大，其中的炽热气体会通过楼梯后向楼上快速流动，使得楼梯口附近的可燃物表面温度急剧升高，直至燃烧，从而导致火灾蔓延到楼上。第二种，火场的带火飞屑被热气流裹挟，通过楼梯口进入楼上房间，落在可燃物表面，引燃物品，导致火灾蔓延。第三种，下层房间的火焰通过楼梯开口辐射或直接引燃上层房间内物品。通常情况下，楼梯口引起的火灾蔓延的原因是三种机制的综合作用，主要原因具有较大的随机性。

2022 年 8 月 23 日，课题组在贵州进行的木结构抗火性能实体火灾实验中，用视频设备，记录了火灾通过楼梯口蔓延导致木柱燃烧的过程，相关内容将在第 5 章介绍。

楼梯口火灾蔓延说明，在楼梯口加上具有良好耐火性能的盖板或者建立一个耐火性能良好的可以封闭的楼梯间，对于延缓木结构村镇建筑的火灾纵向蔓延具有重要意义。

2.2.4 窗口溢流引起纵向火灾蔓延

窗口溢流，俗称火舌，通常是指发生火灾的房间，从窗户喷射而出的可见火焰（图 2–10，图 2–11）。窗口溢流的实质是着火房间内可燃物释放出的可燃气体在窗口附近与空气混合后发生燃烧而产生的可见火焰，在浮力和壁面吸附力的作用下贴着外墙表面向上方涌动。当窗口溢流遇到上方的玻璃门窗时，常常会引起玻璃破碎而引燃室内物品，最终导致火灾纵向蔓延。如果玻璃门窗有多层玻璃或者防火玻璃，火焰会透过玻璃辐射窗帘（图 2–12，图 2–13）等室内物品，也可能引燃室内物品，造成火灾纵向蔓延。

图 2–10　窗口溢流初期

图 2–11　窗口溢流旺盛期

图 2–12　木楼中的窗帘（外部视角）

图 2–13　木楼中的窗帘（内部视角）

窗口溢流引起火灾纵向蔓延，说明在玻璃门窗的外面安装耐火性能良好的挡板，对于延缓火灾纵向蔓延的重要意义。

2.2.5　透过墙板缝隙或者烧穿墙板而引起横向蔓延

在西南地区对村镇木结构建筑现场调研发现，很多木墙板中存在缝隙（图 2–14），主要原因可能是木材本身的收缩、结构本身的不均匀变形等。这些缝隙，在火灾的时候是火场热气流的重要通道，极易发生燃烧而导致缝隙扩大，最终被烧出尺寸较大的孔洞（图 2–15）而成为火灾横向蔓延的主要通道。可见，改善墙板的整体性，加强墙板的隔火性，提高墙板的抗火性，对于延缓木结构村镇建筑火灾蔓延具有重要意义。

图 2–14　墙板之间的缝隙

图 2–15　烧穿的木墙板

2.2.6　金属构件集中热流

西南地区的木结构村镇建筑中，有些居民会在房间中安装金属管（图 2–16），用于临时悬挂毛巾、抹布、衣物（图 2–17）。有的时候，金属管会穿过木墙板延伸到相邻房间。需要注意的是，金属管的导热系数较大，如果一个房间发生火灾，就会使金属管的温度急剧升高，极有可能导致相邻房间内金属杆上的衣服等物品燃烧，从而引起火灾横向蔓延。

图 2–16　穿过木墙板的金属管

图 2–17　金属管在相邻房间挂着衣物

2.2.7　内部蔓延机理小结

实际发生的木结构建筑火灾，内部蔓延的机理可能是单一的，也可能是多个机理耦合、交织在一起，同时或者交替发挥作用。为了遏止或者延缓木结构建筑内部火灾蔓延，应该针对这些机理，从多个方面共同发力，以便把火灾内部蔓延的概率降到最低，减少人民生命和财产损失。

2.3　木结构建筑火灾的外部直接蔓延机理

2.3.1　概述

我国西南地区的村寨建筑，通常是几十个甚至上百个连片分布的，当其中的一个建筑因为某种原因发生火灾，就极有可能会导致其他一个或者多个木结构建筑燃烧。这种建筑群中一个建筑燃烧进而引起其他建筑燃烧的现象，称为建筑火灾的外部蔓延。

根据蔓延的方式，可以把外部蔓延划分为两大类：直接蔓延和隔空蔓延。直接蔓延，是指第一个发生火灾的建筑，没有跳跃地依次蔓延到相邻建筑，逐步引起多个建筑燃烧。发生直接蔓延的原因是两个相邻建筑之间的直接热量传递。直接热量传递的方式，即蔓延机理，是本章将要阐述的主要内容。单纯的建筑火灾直接蔓延，有着非常清晰的蔓延路径。隔空蔓延是指某个发生火灾的建筑，在某一直线方向上跳过了一个或多个建筑而引燃距离相对遥远的建筑。隔空蔓延的主要原因是发生火灾的建筑，产生一定数量和尺寸的带火飞屑，在火场热气流和自然风的共同作用下，飞跃相邻建筑而引燃远方建筑。各国学者在分析研判具体的火灾案例中发现，建筑火灾的外部蔓延方式，既有单一的直接蔓延，也有单一的隔空蔓延，又有直接蔓延和隔空蔓延以交替、联合的方式而引发的耦合蔓延。

本章将结合火灾案例，首先讨论直接蔓延的几种方式和机理，然后介绍隔空蔓延的机理。在后续章节，将根据这些机理，从建筑结构的角度提出适宜性的火灾外部蔓延防控措施。

2.3.2　外部直接蔓延的途径

建筑火灾直接蔓延的根本原因是着火建筑产生的热量有足够多的部分传递到目标建筑，目标建筑接受到足够热量以后，在某一局部满足了发生燃烧的条件，发生燃烧，导致相邻建筑发生火灾。

着火建筑的热量向目标建筑传递的方式有以下几种：①火焰直接引燃相邻建筑。当两个建筑的距离足够近时，着火建筑的可见火焰直接引燃目标建筑室外或室内的可燃物。②着火建筑的热量通过辐射的方式传递到目标建筑，引燃目标建筑室外或室内的可燃物。③着火建筑中没有燃烧的热气流流动到目标建筑，通过对流换热的方式加热并引燃目标建筑室外或室内的可燃物。④着火建筑中的带火飞屑把热量直接带到目标建筑室外或者室内的可燃物上，引起燃烧。⑤着火建筑的热量通过各种方式传递到目标建筑周边、地板下、屋顶上的堆放物、树叶、杂草等，导致目标建筑发生燃烧。实际的火灾蔓延过程，是各种方式的交替、耦合过程，不同的阶段有不同的热量传递方式在发挥主导作用。

2.3.3 火焰直接引燃相邻建筑

房子间距由小到大，建筑间的火灾蔓延机理也会逐渐变化。分三种情况：很近（0～8m）；较近（8～15m）；较远（15m 以上）。两个建筑的距离很近时，着火建筑的火焰直接引燃相邻建筑。火焰直接引燃：火焰的实质是混合比恰当的正在发生化学反应的热气流，由于可燃气体化学反应产生橘黄、亮蓝等肉眼可见的颜色，形成人们看到的火焰。火灾时，可见火焰的周边，会存在肉眼不可见的高温气体。火焰会使目标建筑的木材等发生热解，并且在不需要大量可燃气体时被直接引燃。火焰直接引燃相邻建筑需要的能量少、温度低，因此，建筑之间的距离较近时，火焰直接引燃往往是引起火灾蔓延的主要原因。

我国西南地区木结构与村镇建筑采用的木材，以杉木为例，其火焰直接引燃的燃点为 240C°，吸收辐射热和对流热而引起自燃的燃点为 421℃。通常情况下，距离较近的两个木结构建筑之间的直接火灾蔓延，是以上因素交织在一起，共同交替发生作用，因具体情况不同，在受热到引燃的不同阶段，各因素所起作用的主次也会有所不同。

在我国西南乡村，建筑构件的材料，特别是墙体材料，都采用木材。当两个建筑距离很近时，一个建筑发生火灾的建筑，可以能会通过屋顶火焰、窗口溢流等，直接引燃相邻建筑的墙体等暴露在外的木材，导致火灾蔓延至相邻建筑。

中国西南地区，如贵州省，由于平地很少，所以木结构住宅建筑之间的距离很近（图 2–18）。在一些特殊情况下，相邻的两个建筑之间的距离可能小于 1m。一旦建筑物着火，火焰将从山墙上的开口溢出，或者烧穿木墙板，水平火焰将引燃相邻建筑（图 2–19）。大多数木结构村镇建筑火灾的外部直接蔓延是通过这种方式发生的，因为火焰水平方向的长度可能达到或超过 20 m。为了防止或延缓水平火灾向邻近建筑物蔓延，有必要堵塞山墙开口，抑制火焰溢出，提高木墙板的防火性能。

在中国西南地区的很多村庄，都是沿山修建木结构建筑（图 2–20）。在火灾情况下，风的吹拂可以使火焰倾斜，从屋顶上的喷出的倾斜火焰可

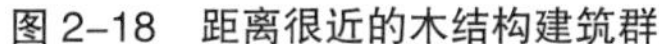

图 2-18　距离很近的木结构建筑群

图 2-19　引燃相邻建筑

图 2-20　沿山而建的木结构建筑

图 2-21　屋顶溢出的火焰引燃相邻建筑

能会将火焰扩散到位于山坡高处的相邻木结构建筑（图 2-21）。因此，需要提高屋顶的防火性，防止其烧穿和溢出火焰，威胁相邻建筑。

特别需要指出的是，对于茅草屋顶的村寨建筑，也有可能直接引燃相邻建筑的屋顶茅草而引起火灾蔓延，2021 年 2 月 14 日云南省翁丁村火灾，就一定存在这种蔓延形式，由于茅草的燃点很低，增加了防范的难度。

2.3.4　热辐射引燃相邻建筑墙板或者墙外堆柴

辐射是传递热能的一种重要方式。在中国的西南地区，木结构建筑的外墙通常由当地木板构成（图 2-22），有时，做饭和取暖的烧柴堆放在墙外（图 2-23）。当一个建筑发生火灾时，辐射热会不断投射到相邻建筑的外墙面或者烧柴上，也可以通过玻璃门窗投射到室内的可燃物上，使得被投射物质温度不断升高。燃烧释放的辐射通量的数值达到一定水平、被投射物表面温度升高到一定程度时，就可能引燃目标建筑的外部可燃物或者内部可燃物，使得火灾蔓延到相邻建筑（图 2-24）。

图 2-22　木质墙板

图 2-23　墙外堆放的烧柴

图 2-24　辐射引燃目标建筑外墙板

2.3.5　热对流冲击相邻建筑木墙板导致蔓延

热对流传热：从着火建筑窗口喷出的热空气，包含热量，向目标建筑的可燃物传递热量。这些热气流的是经过升温的热空气和火场可燃物受热释放的可燃气体及其他气体的混合物，由于各种气体的比例达不到燃烧条件而未发生燃烧，通常肉眼不可见，混合气中夹杂的烟雾较多时，可以明显看到气流运动轨迹。这部分热量随着建筑间距的增大而快速衰减。在坡地上的两个相邻建筑，当下方的建筑着火时，热气流上升，如果再有风提供水平方向的作用力，热气流就会流向上方建筑，使上方建筑受热，外墙木板等可燃物发生热解，增大燃烧的可能性。

一般而言，单纯的热气流的冲击作用，不足以引燃相邻建筑外墙木板，但是，会增加木墙板吸收的热量，提升木墙板的温度，促进木墙板热解，增加火灾蔓延的可能性。此外，如果相邻建筑的墙板外堆放了蒿草、秸秆、树枝等烧柴，被热对流引燃的概率会显著提高，增加火灾外部蔓延概率。

实际上，当两个建筑距离比较远，着火建筑的火焰不足以直接引燃相邻建筑时，辐射和对流的联合作用，是导致外部直接蔓延的一种重要方式。2020 年 8 月 23 日，课题组在贵州高赧村进行的实体实验中，观察到了这种现象。

图 2–25 是实验的初期，烟气携带热量飘向坡上的建筑，图 2–26 是实验的火灾旺盛期，燃烧充分，风速较小，辐射成为主要的向坡上建筑传递热量的方式，图 2–27 是实验的后期，燃烧减弱，烟气增加，辐射和热流联合向坡上建筑传递热流，图 2–28 是在辐射和对流交替、联合作用下，引燃了坡上建筑的外表面，燃烧从坡下建筑蔓延到了坡上建筑。

图 2–25　火灾初期，热气流为主要传热方式

图 2–26　火灾旺盛期，辐射为主要传热方式

图 2–27　火灾后期，辐射对流联合传递热量

图 2–28　辐射和对流作用下，引燃坡上建筑

2.3.6 辐射透过玻璃门窗引燃室内物品导致火灾蔓延

在我国西南地区，木结构建筑通常要安装单层玻璃窗采光，玻璃窗后面要悬挂窗帘（图 2–29）。若两个建筑距离较近，当一个建筑发生火灾时，靠近着火建筑物的普通单层玻璃窗后面的窗帘可能由于透过窗口的辐射热量而被点燃，进而引燃建筑内的可燃物品。有两种可能的情况。第一种是，相邻窗户的玻璃为普通玻璃，着火建筑火焰的辐射通量较大，玻璃破碎，进而引燃室内物品引起火灾蔓延。第二种是，相邻建筑窗户的玻璃还没碎的时候，辐射热透过玻璃引燃室内物品导致火灾蔓延。玻璃破碎在先还是引燃室内物品在先，取决于玻璃是否为防火玻璃、窗框的形式、玻璃安装方式等多种因素。大多数情况下，很难通过灾后调查确定具体是哪种机理引起蔓延。对于村镇建筑，很少采用防火玻璃门窗，玻璃破碎后引燃室内可燃物品的概率较大。

研究表明，透过单层玻璃门窗的辐射热可以在几分钟内点燃建筑内部的窗帘。实验室的实验表明，挂在双层耐火玻璃窗后面的 100% 棉窗帘，在窗户上部破损 1min 后燃烧（图 2–30）。本书后续章节将会提到，有一个简单实用的方法来防止这种现象，那就是在窗户外面安装内夹镀锌板复合挡板。

这里简单介绍一个火灾通过门窗引燃火灾外部蔓延的案例。图 2–31 是 2005 年 7 月 19 日广西三江侗族自治县独峒乡独峒屯村火灾后的照片，

图 2–29 村镇建筑中的玻璃窗及后面的窗帘

图 2–30 玻璃破碎后引燃窗帘

图 2-31　2005 年独峒屯村火灾中，砖木房屋通过玻璃门窗被蔓延

通过分析，可以发现，大部分家庭进行了灶改，一楼的墙体基本都是砖墙，且有一些建筑，所有墙体都是砖砌的，也没有躲过被火灾烧毁的命运。原因究竟在哪呢？推测：①门窗未关闭，相邻建筑的带火飞屑直接进入室内，或者远方建筑的带火飞屑隔空飞入室内；②门窗玻璃被直接接触火焰破坏，火焰直接引燃室内物品；③火焰高温辐射，透过门窗玻璃，引燃室内物品。无论哪种情况，门窗都是重要的蔓延路径，因此，在门窗内部或者外部，设置复合挡板，或者喷淋设施，就可能会避免火灾蔓延到室内。设置复合挡板，是最经济、最简单、最方便的适宜性技术措施。独峒屯村的这次火灾是逐渐蔓延的，如果设置了门窗复合挡板，是有机会阻挡火灾蔓延的。

图 2-32　目标建筑被损坏的玻璃窗

需要说明的是，普通玻璃门窗上的玻璃，受到来自相邻建筑火焰强烈的辐射作用时，大部分辐射热会透过玻璃，进入室内，玻璃本身升温较慢。当两个建筑较近，着火建筑的热气流作用于目标建筑门窗的玻璃上，玻璃外表面温度会升高，然后向内部传热，在玻璃的厚度方向产生温差，加上窗

框的遮蔽效应，嵌入框内的玻璃周边温度较低，这些温差使得玻璃内部产生热应力，热应力达到一定水平时，会使门窗上的普通玻璃破碎（图 2-32），失去对火焰、热空气以及飞屑的阻隔作用，使得着火建筑向目标建筑的室内传热的机制发生重大改变，普通热气流、可见火焰、带火飞屑会直接进入室内，进而引燃窗帘等室内物品燃烧，发生建筑间的直接火灾蔓延。

2.3.7 带火飞屑通过窗户、门以及其他开口进入相邻建筑

在中国传统木结构村镇建筑的外边界有很多开口或者缝隙（图 2-33），木结构建筑着火后产生的大量带火飞屑极有可能会通过这些通道飞入室内，特别是在强风条件下，带火飞屑进入室内的概率急剧增加。后续章节将会提出一些非结构措施，降低带火飞屑进入室内的概率。

（a）开敞的窗户

（b）外墙上端开口及门

（c）屋顶碎瓦形成的孔洞

（d）墙板上的缝隙

图 2-33 带火飞屑的可能入侵途径

2.3.8　建筑火灾直接蔓延的典型案例

美国西拉法叶城（West Lafayette），普渡大学附近的林德伯格村（Lindberg Village），在 2019 年 7 月 12 日 15 点 37 分发生了一场火灾（图 2–34）。图 2–34 中右侧虚线方框内的房子是第一个燃烧的房子，由于图中的房子均为轻型木结构建筑，木质建筑构件的截面尺寸较小，容易被蔓延，耐火时间很短，所以迅速依次蔓延到第 5 个房子，经过消防队强力干预，将大火扑灭（图 2–35），相邻的第 6 栋房子得以幸免（图 2–36）。

由于有视频记录，可以知道这次火灾的清晰的蔓延路径，据推测，蔓延的机理是直接引燃、辐射、对流、飞屑等传递热量的方式综合发挥作用。

图 2–34　普渡大学附近的林德伯格村火灾蔓延后共烧毁 5 栋房子

图 2–35　5 栋轻型木结构房子被完全烧毁

图 2–36　被烤焦的第 6 栋房子外墙板

2.4 木结构建筑火灾隔空蔓延机理

着火建筑内的热气流迅速上升，冷空气从外部进入，房子内气流剧烈变化，会使小块可燃物飞到空中；外墙板燃烧后，也会有小块或者小片木材脱落，这些飞屑会随着热气流向上运动。在风的作用下，带火飞屑会飞入相邻建筑的室内，或者落到相邻建筑屋顶及周边，引燃室内外可燃物，引起火灾蔓延。如前面所述，带火飞屑也是引起村镇木结构相邻建筑之间火灾蔓延的重要原因。

带火飞屑是引起建筑之间火灾远距离隔空蔓延的根本原因。在强风的情况下，大尺寸的燃烧飞屑可能随风飘向远处的建筑物，大大增加了火灾蔓延的防治难度。应该说，连续蔓延容易控制；隔空蔓延最难防范！在广大西南地区，特别是茅草屋顶竹木房屋占比很大的云南乡村，防范火灾在建筑之间隔空蔓延，是重中之重！

这里介绍一些隔空蔓延的典型案例。2012 年 2 月 13 日 13 时 15 分许，湖南省通道侗族自治县独坡乡新丰村、骆团村（两村同处一个自然大团寨）发生一起房屋火灾，引起整个村寨燃烧。据推测，其中一个原因是强风（图 2–37）把带火飞屑吹到较远的地方，点燃远处木制建筑物，发生火灾隔空蔓延，使得着火点遍地开花，整个村落同时燃烧。图 2–38 和图 2–39 是火灾前后团寨的对比。

图 2–37 新丰村、骆团村火灾中的强风

图 2–38 火灾前的团寨

在挪威首都奥斯陆西北 320km 处，有一个名为莱达尔索伊里（village of Laerdalsoyri）的小山村（图 2–40）。2014 年 1 月 18 日夜晚发生火灾。从记录火灾的视频中可以清晰看见，强风携带大量带火飞屑在空中飞翔，引起火灾隔空蔓延，给火灾扑救带来很大难度。这是一个典型的火灾隔空蔓延案例，火灾后调查发现，带火飞屑跨越 200 多米，引燃了远方的一栋建筑，此次火灾共有 40 余个建筑被大火摧毁（图 2–41）。

图 2–39　火灾后的废墟

特别需要指出的是，对于云南省乡村地区大量存在的茅草屋顶建筑，带火飞屑引起隔空蔓延的可能性大大增加，2021 年 2 月 14 日云南省翁丁

（a）

（b）

图 2–40　莱达尔索伊里村

图 2–41　莱达尔索伊里村火灾中被摧毁的建筑

村火灾，火灾蔓延很快，就包含了这种蔓延形式，由于茅草的燃点很低，细小的带火飞屑就能引起火灾蔓延，大大增加了防范的难度。

实验表明，建筑物外面墙角处的杂草、柴草，也是带火飞屑引燃的对象（图 2–42），我国西南地区村镇建筑，常常会在木板墙外有意堆放柴草，或者由于风吹等使杂草散落（图 2–43），增加了隔空蔓延的可能性。图 2–44 是美国的一个火灾案例，图中虚框内是飞火引燃杂草的着火点。

图 2–42　带火飞屑落到墙外杂草上

图 2–43　木板墙外堆放的柴草、杂草

图 2–44　飞火引燃杂草的着火点

2.5 本章小结

本章对我国西南地区村镇建筑的起火原因、内部蔓延机理、外部直接蔓延机理、隔空蔓延机理进行了梳理，为制定遏制木结构村镇建筑火灾发生和蔓延的策略提供依据。

本章参考文献

[1] 云南省消防安全委员会 . 关于 2018 年全省火灾情况分析和 2019 年火灾风险预测及防范对策建议的通报 [R]. 2019.

[2] 周华平 . 走过废墟地——广西三江县独峒屯“7· 19”特大火灾事故追踪 [J]. 中国消防，2005，26（16）：34-35.

第3章

村镇火灾多尺度防控策略

第2章梳理了村镇建筑火灾发生原因及蔓延机制，为有针对性地防控村镇建筑火灾奠定了基础。本章的主要目的是，为了科学、经济、高效、符合农村实际地进行村镇建筑火灾防控，提出了村镇火灾多尺度分级防控、建立多级屏障的策略，为各种防控方法、防控技术的科学使用提供原则性的依据。

3.1 目前村镇建筑防火区划及存在的不足

3.1.1 村镇火灾防控相关规范、规定

住房和城乡建设部，在2010年8月18日，发布了国家标准《农村防火规范》GB 50039，其中的4.0.6条款内容如下：

4.0.6 既有建筑密集区的防火间距不满足要求时，应采取下列措施：

1 耐火等级较高的建筑密集区，占地面积不应超过5000m^2；当超过时，应在密集区内设置宽度不小于6m的防火隔离带进行防火分隔；

2 耐火等级较低的建筑密集区，占地面积不应超过3000m^2；当超过时，应在密集区内设置宽度不小于10m的防火隔离带进行防火分隔。

广西壮族自治区人民政府，于2013年9月26日，印发《广西壮族自治区农村消防规定》（广西壮族自治区人民政府令第91号），其中第八条的内容如下：

第八条　农村建筑应当按照国家和自治区农村防火规范的标准，设置消防设施、器材。

对连片木结构农村危房的改造，乡镇人民政府、村民委员会应当引导帮助村民将木结构房屋的柱、梁、墙、楼板、屋顶等构件由可燃材料改为不燃或者难燃材料，提高房屋的耐火等级，设置防火隔离带，并进行农灶和电气线路的改造。

贵州省人民政府第19次常务会议，于2013年12月18日通过了《贵州省农村消防管理规定》（修订稿），2014年2月1日起施行，其中第

二十六条的内容如下：

第二十六条　乡镇、村寨的规划和建筑布局应当符合消防技术标准要求。既有木质结构房屋密集的村寨应当开辟防火隔离带划分防火分区，每个防火分区占地面积不应大于 3000 平方米，防火隔离带宽度不应小于 12 米。

村民住宅呈阶梯布局的村寨，应当沿坡纵向开辟防火隔离带；开辟防火隔离带确有困难的村寨，应当修建高出建筑物 0.5 米以上的防火墙。

3.1.2 既有规范、规定的不足

随着我国经济和科学技术的发展，以及对村镇火灾发生、发展、蔓延规律认识的逐步深化，既有的与村镇建筑火灾防控有关的规范、规定，已经不能适合农村新的火灾防控需要，需要做出相应的改进。

例如，上述标准及规定中都提到了“防火隔离带”，但是，只给出了宽度规定，关于防火隔离带的具体含义、具体规定，说的不够详细，具体实施时，会遇到很多困难。

多个火灾案例已经证明，如果仅仅设置道路或者其他的空间间隔作为防火隔离带，很难防止火灾蔓延。图 3–1 所示为巨洞村火灾前后对比照片，其中的道路，明显属于沿坡纵向的防火隔离带，符合前述规定，但是，火灾案例有力地说明，仅用道路等作为“天然的防火隔离带”，不能够阻止火灾的蔓延，因此，已经到了对传统的防火隔离带的作用和效果进行反思的时候了。

（a）火灾前

（b）火灾后

图 3–1　仅靠道路作为防火分区不足以阻止火灾蔓延

3.2 村镇火灾多尺度防控策略的内涵

3.2.1 村镇火灾的5个尺度

综合分析既有火灾案例及文献研究，笔者认为，根据村镇火灾的发生、发展过程和发展规模，可以划分为5个尺度。①一个点：一个电火花，一个烟头，一个火星，进而引发火灾。②一间房：火灾逐步蔓延到一个房间，或者其他局部空间。③一个楼：火灾突破房间，逐步蔓延到一个木楼。④一个区：一个木楼的火灾，蔓延到多个建筑，使得一个防火分区内发生火灾。⑤一个村：火灾从一个防火分区，蔓延到一个或多个其他防火分区，导致多个防火分区甚至整个村落发生火灾。

多数情况下，村镇火灾都始于室内，首先在室内逐步蔓延，然后在建筑之间蔓延，最后蔓延至多栋建筑直至蔓延到整个村落。第2章已经谈到，建筑内部各区域之间的火灾蔓延称为内部蔓延；各个建筑之间的火灾蔓延称为外部蔓延。根据蔓延的机理，可以制定出适当的防火策略，建立相应的防火屏障。

3.2.2 村镇火灾多尺度分级防控策略

“村镇火灾多尺度分级防控策略”中，把防范及遏制火灾发生发展起到积极作用的消防设备、消防物资、消防力量、消防通道、结构技术、消防文化等各种软硬因素的集合，称为防火屏障。村镇建筑火灾发生发展经历5个尺度，包含5个阶段，对应5个级别。5个尺度、5个阶段、5个级别是一一对应的，是从空间范围、时间顺序、危害大小三个不同角度对火灾的描述。

基于以上认识，为了防范及遏制村镇火灾的发生发展，需要建立5级屏障，分别防范及遏制对应级别的火灾。建立屏障的规模、水平、深度、质量，需要结合村镇的地理位置、气候条件、经济状况、文化意义等因素的具体实际，本着尽力而为、量力而行、因地制宜等原则，制定相应的规划，逐步建设、不断维护、持续完善。

建立 5 级防火屏障，需要明确相应的建设任务的主体责任，基本原则是“谁受益，谁负责，谁建设”，村民、村政府、乡镇政府、国家财政以及从乡村发展中收益的旅游公司等企业，都应该出资，积极支持乡村防火屏障的建设工作。

简要地说，5 级屏障的责任主体及相应的建设工作如下：

（1）第一级屏障，主要进行建筑火灾源头防控。村民是第一级防火屏障的建设主体，这与传统村落的防火文化理念是一致的。村民有责任投入必要的资金，保证自家的电线、开关、电器等符合相关要求；有责任教育孩子心存安全意识；有责任保证精神状态有问题的家庭成员接触不到火种；有责任学习火灾防控的科普知识，掌握安全意识。村政府、村办企业等各类非村民居住场所的第一级屏障建设由相应机构安排专人负责。

（2）第二级屏障，主要进行房间内火灾蔓延防控。村民有责任在家里准备必要的缸、桶等储存消防用水的容器；在财力允许的条件下，提倡安装报警器、水喷淋等简易消防设施；提倡准备消防水泵、水枪等灭火设备。村民有责任学习干粉灭火器等简易消防设备的操作。位于“蔓延阻隔带”（概念见下一节）上的建筑，村委会等应该投入资金协助房子主人安装火灾探测器、火灾报警器等系统，逐步筹集资金安装喷淋设施、细水雾设施。智慧消防系统应该把这类建筑作为关注重点，优先在这类建筑上布置先进的火灾监控设备。

（3）第三级屏障，主要进行建筑内部各个房间之间的内部蔓延防控。村民应该加强对建筑本身防火性能提升工作的重视。村民应该定期检查木墙板、木楼板、底层木地板上的缝隙、孔洞，对尺寸较大的缝隙和孔洞要及时进行封堵。要定期检查各个房间、楼梯间的木门是否完好。村民要掌握必要的操作消防设备的技能，会使用灭火器等设备进行灭火工作。鼓励村民对墙板、楼板等构件进行抗火改造，提升隔火能力。

（4）第四级屏障，主要进行各个单体建筑之间的火灾外部蔓延防控。防控建筑之间的火灾蔓延，是火灾防控工作中重要的一步。涉及方方面面的责任。每个建筑的主人，都有责任保证自家火灾不蔓延到相邻建筑，不能因为自家的过失威胁别人的生命财产安全；同时，也要尽最大努力，准备相应的消防设施，同时加强自家建筑的抗火性能，确保相邻建筑的火灾不轻易蔓延到自己的建筑。村级政府，有责任准备灭火器、消防水枪、消防水桶等设施，有责任建立简易消防站，为防范建筑之间的火灾蔓延提供必要的设备支持。村政府有责任组建义务消防队，为阻止建筑之间的火灾蔓延提供支持。

（5）第五级屏障，主要进行防火分区之间的跨区域火灾蔓延防控。跨区域火灾蔓延防控是各级政府都应该特别重视的一个工作，如果火灾跨区蔓延，就会加大损失，甚至发生灭村大火，如果烧毁的是国家重点保护的传统村落，将会对传统文化造成无法弥补的损害，也将产生负面的社会影响和政治影响。因此，各级政府、相关企业、科研院所、高等学校以及其他社会力量，都应该在资金、设备、技术、理论、宣传等诸多方面同时发力，结合具体村镇的实际，合理确定“防火分区”，科学规划“第五级屏障”的建设，不断投入资金，持续建设和改进“第五级屏障”中的道路、水系、绿地、建筑、固定消防设备、移动消防设备、传统乡土消防方法、现代智慧消防体系，加大科普宣传，建设安全文化，逐渐解决困扰村民、政府、消防部门的木结构连片村寨火灾安全问题。

3.3　村镇火灾多尺度防控策略的新概念

实事求是地说，目前，根除村镇建筑火灾是不可能的。最应该避免的是连片木结构建筑发生大规模火灾，导致大部分甚至整个村寨变成废墟。因此，把村寨的建筑划分为多个防火区域，在各个区域之间建立防火屏障，有效阻止各个防火分区之间的火灾蔓延，降低灭村大火的发生概率，就成为村寨火灾防控的核心要务。

为了强化各个防火分区之间的第五级防火屏障建设，本书提出“火灾跨区蔓延阻隔带”的新概念，是对既有的防火分区、防火隔离带等思想、理念的继承和发展。

3.3.1 “村镇建筑防火分区”的概念

“村镇建筑防火分区”，是指将一个相对独立的村镇内的建筑，结合道路、河流、绿地等实际情况，划分为若干个区域，区域之间尽可能存在天然的分割界限，每个区域称为一个“村镇建筑防火分区”（简称“防火分区”）。一般，每个“防火分区”内的木结构建筑，不应多于 30 个。

划分村镇建筑防火分区以后，延缓火灾在各个防火分区之间的蔓延，是村镇消防建设的一个主要任务。如果能有效延缓火灾在“村镇建筑防火分区”之间蔓延（直接蔓延和隔空蔓延），就会降低连片火灾的发生概率，降低发生“灭村之火”的风险。

3.3.2 “火灾跨区蔓延阻隔带”的概念

“火灾跨区蔓延阻隔带”（简称“蔓延阻隔带”或“阻隔带”），是指将村镇划分为若干个防火分区后，两个防火分区之间的具有一定宽度、高度的能够延缓火灾跨区蔓延的三维狭长地带。比既有的规范、规定中的“防火隔离带”具有更丰富的内涵。

“火灾跨区蔓延阻隔带”具有以下特征：

（1）宽度一般应该达到 20m。防止阻隔带一侧的发生火灾建筑溢出的火焰越过阻隔带而直接蔓延到阻隔带的另一侧。

（2）当道路、河流、绿地的宽度大于等于 20m 时，可以独立作为“直接蔓延阻隔带”。

（3）道路、河流的宽度小于 20m 时，不能独立成为“蔓延阻隔带”，可以将部分建筑划定为“蔓延阻隔带”的组成部分。

（4）完全或者部分位于“蔓延阻隔带”内的建筑，应该逐步建设成为同时具有较强的“约束内部火灾外溢能力”和“抵抗外部火灾侵袭能力”的抗火建筑。

（5）有高大钢筋混凝土结构建筑的位置、有可靠消防设施的部位，“蔓延阻隔带”的宽度可以小于 20m。

3.3.3 “火灾跨区蔓延阻隔带”与“防火隔离带”的区别与联系

“火灾跨区蔓延阻隔带”与既有规范、规定中的“防火隔离带”，存在一些区别和联系。

（1）宽度上的区别：防火隔离带的宽度比较小；而“蔓延阻隔带”的宽度可以达到20m及以上。

（2）拆与建的区别：在建筑密集区域，为了建立“防火隔离带”，往往需要拆除房屋。但是，为了建立“蔓延阻隔带”，除非影响消防车通行的建筑，一般不需要拆除房屋，而是要把位于“蔓延阻隔带”内的既有建筑进行防火、抗火性能提升，可以增强其墙体、屋顶、门窗等抗火性能，也可以通过安装火灾探测器、火灾报警器、喷淋等技术设施，提升消防能力。

（3）内容上的区别：“防火隔离带”一般为肉眼可见的没有建筑的空旷地带，如道路、河流、树林、绿地等，属于二维平面；而“蔓延阻隔带”往往包含一定数量的经过抗火改造的建筑，是一个三维的空间，不仅包含肉眼可见的显性阻隔区，也包含不易发现的隐性阻隔区。不仅有物理空间的被动分隔，还有主动消防设施等构成的主动分隔，甚至包含了文化、制度宣传、教育等软屏障。

（4）理念上的区别：“蔓延阻隔带”中，除了道路、河流、建筑，还应该逐步设置“消火栓”“消防水炮”“消防水幕”“声光报警塔”等固定消防设施，布置“手抬消防泵”“消防摩托车”等移动消防设施，还应该与时俱进，设置“图像识别”“无线传输”等智慧消防手段。此外，还可以建设消防文化宣传点、科普画廊等。因此，“蔓延阻隔带”是一个持续建设、逐步完善的空间。随着“蔓延阻隔带”的不断发展，各个防火分区之间的火灾蔓延风险会越来越低，村镇建筑的安全水平会不断提升，村民、政府、国家的安全感也会逐步增强。

（5）联系：道路、河流等一般作为天然的防火隔离带，这些天然的防火隔离带是“蔓延阻隔带”的核心组成部分，连同两侧一定宽度范围内经过抗火改造的建筑及各种消防设施，形成“蔓延阻隔带”。可见，“蔓延阻隔带”是“防火隔离带”在概念、空间、设施、理念等诸多方面的延伸和扩展。

3.4　村镇火灾多尺度防控策略的实施步骤

“村镇火灾多尺度分级防控策略”是作者针对我国西南地区木结构连片村寨提出的火灾防控思想，今后会逐渐形成应用指南供相关部门参考。这里，暂把“村镇火灾多尺度分级防控策略”的实施划分为五个步骤：

（1）对整个村寨进行防火分区。每个区的房屋数量、边界位置等要结合当地实际综合考量。

（2）划定位于“蔓延阻隔带”内的建筑。村级公共资金及各级政府的资金，应该优先投入这类建筑的消防设备、结构技术的升级改造。可以逐步增加这类建筑的数量，逐步投资，逐步建设，不断提高“蔓延阻隔带”的能力。

（3）确定各个建筑的类别。A 类：阻隔区内建筑，如历史建筑、高风险建筑、其他重要建筑。B 类：大多数普通建筑。C 类：孤立的远离其他建筑的建筑。

（4）对每一类建筑，分别提出防火要求，如必须达到的要求和选择达到的要求（给出列表，明确要求，例如，需要满足 10 个要求中的 3 个要求）。

（5）适宜性技术措施详细实施过程：

1）防止起火措施：电改、化学阻燃技术、加强探测、智慧消防、教育及管理。

2）防内部蔓延措施：消防设施、楼梯复合盖板、复合内墙板、复合楼板。

3）防范建筑之间直接蔓延措施：针对 4 个蔓延机理的措施。

4）防范防火分区之间直接蔓延：强化蔓延阻隔带内建筑的抗火性能。

5）防范防火分区之间隔空蔓延：约束飞屑、封堵开口、设置水幕、提高抗力。

3.5 基于多尺度防控策略的村镇防火分区案例

3.5.1 贵州黎平肇兴侗寨

肇兴侗寨，位于贵州省黔东南州黎平县，是黔东南侗族地区最大的侗族村寨，素有 " 侗乡第一寨 " 之美誉，也是侗族的民俗文化中心。肇兴侗寨四面环山，寨子建于山中盆地，两条小溪汇成一条小河穿寨而过。寨中房屋为干栏式吊脚楼，鳞次栉比，错落有致，全部用杉木建造，硬山顶覆小青瓦，古朴实用。

结合当地的水系、道路、地形、经济，初步把肇兴侗寨划分为 5 个防火分区（图 3–2），其中 1 区和 2 区之间的“蔓延阻隔带”由村寨的主要道路和道路两侧的房屋构成；2 区和 3 区之间的“蔓延阻隔带”由一条比较窄的道路和道路两侧的房屋构成；3 区和 4 区之间的“蔓延阻隔带”由流经村寨的河流和河流两侧的部分房屋构成；4 区和 5 之间的“蔓延阻隔带”由村寨的次要道路和道路两侧的房屋构成；5 区和 1 区之间的“蔓延阻隔带”由流经村寨的合理和河流两侧的房屋构成。

图 3–2 肇兴侗寨防火分区的初步划分及直接蔓延阻隔带设置

3.5.2　贵州西江千户苗寨

千户苗寨，位于贵州省黔东南苗族侗族自治州雷山县西江镇南贵村，距雷山县城 36km，由十余个依山而建的自然村寨相连成片，四面环山，吊脚楼依山顺势直连云天，白水河穿寨而过，将西江苗寨一分为二。

白水河北侧山坡上的区域，各个防火分区之间的分界线沿道路中心线布置（图 3–3），分界线位于道路中央，分界线两侧 20m 宽范围内为“蔓延阻隔带”。白水河比较宽阔，且在两岸有绿化带，因此可以独立作为河流两岸区域之间天然的“蔓延阻隔带”。

图 3–3　千户苗寨防火分区的初步划分

需要指出的是，图 3–2 和图 3–3 中的防火分区，只是初步的建议，如欲落实，还要进行大量深入的实地调研，综合考虑各种因素的影响，对相关内容反复细化，不断完善。

对于一个具体的村寨而言，划分了防火分区、确定了“蔓延阻隔带”以后，进一步的工作就是要分级建设，特别是要强化“蔓延阻隔带”的建设。建设“蔓延阻隔带”的第一个重要的工作就是明确位于“蔓延阻隔带”上的建筑，这些建筑应该具有较高的火灾安全等级。为了提升它们的火灾安全等级，其中的许多建筑需要进行结构抗火性能改造，具体的一些适宜性的结构技术措施，将在后续章节介绍。

3.6 本章小结

本章主要介绍“村镇火灾多尺度分级防控理论”相关的基本概念、基本方法等内容，并给出两个村寨的防火分区初步划分方案。基于“村镇火灾多尺度分级防控理论”，后续各章将给出相关的适宜性的防控技术。

以前农村防火，多数的举措是拓展防火通道、建立消防水池、建立业余消防队、加强消防宣传等，没有科学的理论指导，政府、消防管理单位、村民，都不清楚各个措施之间的相互补充关系、相互支撑作用，也不清楚各个措施在村寨的整体火灾安全防护系统中的作用、地位、责任，因此，不够科学、精准。

基于本章提出的“村镇火灾多尺度分级防控理论”，将有利于建立“安全韧性村寨”，建立5级火灾安全防护屏障，对火灾的发生和蔓延进行层层堵截，既能有效防止火灾的发生和演变，也利于灾后的快速恢复。

本书提出的“村镇火灾多尺度分级防控理论”,与政府近些年推行的“寨改”(“大寨变小寨”)等工作的思路一脉相承,通过“蔓延阻隔带”的概念，根据科学理论和相关技术成果，对“寨改”工作进行进一步的强化、细化、完善，提升村寨的火灾安全水平。

5个级别的火灾防控屏障的建设，可以应用几乎所有目前市场上能够提供的技术、设施，也需要从建筑结构本身出发，采取相应的技术措施，为每个级别的火灾防控提供应有的支持。本书的重点就是从建筑本身出发，提出有针对性的结构技术措施，延缓各个尺度内的火灾蔓延，遏制各个级别之间的火灾突变。后续章节将分为适宜性结构技术的提出，适宜性结构技术的研究两大部分，对技术的内涵、实验研究、数值模拟研究进行介绍，为这些技术落地开花，解决村镇建筑火灾防控中的实际问题打下基础。

第4章

村镇建筑火灾蔓延的防控技术

第 2 章介绍了木结构村镇建筑火灾发生主要原因、建筑火灾内部蔓延机理、建筑火灾外部直接蔓延机理、建筑火灾隔空蔓延机理。第 3 章介绍了村镇建筑火灾多尺度分级防控策略的内涵，提出了 5 级防火屏障的概念。防火屏障中包含了消防技术、结构技术、消防文化、河流道路等。本章重点介绍适宜性的结构技术，然后对传统消防设备、现代消防技术等相关内容进行简要介绍，并介绍数个国外的防控火灾外部蔓延的成功实践。

4.1 建筑内火灾蔓延防控的适宜性结构技术

本书的重点是从建筑结构的角度，改进木结构村镇建筑的抗火性能、隔火性能，课题组已经提出了一些材料易得、工艺简单、造价合理的适合农村应用的结构技术，下面加以介绍。这些技术的数值模拟、实验验证等相关研究工作，将在后续章节介绍。

4.1.1 内夹镀锌板的“三明治”复合楼板

楼板是木结构村镇建筑中的重要构件，既是承力构件，又是分隔构件，对于实现建筑的功能、防控建筑内的火灾蔓延，均具有重要意义。

村镇建筑中楼板的厚度没有明确的规定，常见的楼板厚度通常为 20 ~ 30mm（图 4–1），宽度 150 ~ 200mm（图 4–2）。在贵州的黔东南地区，楼板的材料主要为当地盛产的杉木。火灾下，这样厚度的杉木楼板，耐火时间较短，楼板烧穿后，火会向楼上蔓延，导致火灾规模扩大，因此，增加楼板的耐火性能，延长楼板的耐火时间，对延长整个建筑的耐火时间，就具有重要意义。

课题组提出了两种内夹镀锌板复合楼板。本节介绍第 1 种。在既有楼板上铺一层镀锌板（图 4–3），用钉子固定后，镀锌板上面再铺一层木板（图 4–4），再用钉子固定，就形成了复合楼板。由此可知，这里的复合楼板，是在两层木板的中间夹了一层镀锌板，然后用钉子把它们连接在一起形成

图 4-1　楼板的厚度

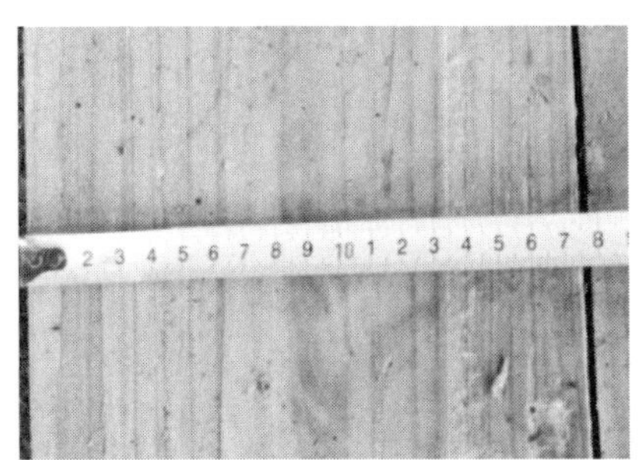

图 4-2　楼板的宽度

图 4-3　在楼板上铺设镀锌板

图 4-4　在镀锌板上再铺设一层楼板

一个整体，共同受力。复合楼板可以提升楼板的整体性能、隔火性能、隔烟性能、耐火性能，延缓火灾纵向蔓延，防止房子过早倒塌。

对于新建的木楼，也可以使用复合楼板。此时，可以在地面上按预定尺寸加工好复合楼板，然后再安装到托梁上。通常，镀锌板的厚度规格宜为 0.2mm，0.25mm，0.3mm，0.4mm，幅宽通常为 1.2m，长度可以根据需要用剪刀剪裁。后续章节中的实验证明，“三明治”复合楼板的耐火时间有明显增加。

4.1.2　内夹双层镀锌板的五层复合楼板

对“三明治”复合楼板进行一些变化，可以得到一种五层复合楼板。改进的方法是，将中间的一层镀锌板，变成两层，两层镀锌板中间，放置一个纵横交叉的木框（图 4-5、图 4-6）。新建木楼时，可以首先将两层镀锌板和木方钉合在一起形成整体，然后两面分别再加一层木板，两层木板的长边方向最好相互垂直。对于既有的木楼，可以在既有的底层楼板之上，按顺序依次安装底层镀锌板、木框、上层镀锌板、上层楼板。为了防火需要，可以在方框的空格内紧密放置装满水的矿泉水瓶，若发生火灾，温度升高到一定程度时，水瓶融化，水会流出，起到一定的灭火降温作用。日常生活中，也可以起到一定的对室温的调节作用。

为了施工方便，也可以将木框用木板代替，这样，形成了三层木板夹两层镀锌板的五层复合楼板，具有比"三明治"复合楼板更好的抗火性能。

通过理论分析可以知道，三层复合楼板、五层复合楼板具有比单层木楼板更好的抗火性能，除了镀锌板发挥了决定性的作用以外，楼板厚度的增大，也是原因之一，这也与目前欧美国家规范允许建设 8 层甚至更厚的木结构建筑的理念相一致，这些规范中允许在高层木结构建筑中采用重型木结构建筑，因为随着构件特征尺寸增大，耐火时间会不断增加。

图 4–5　用木方加工而成的木框

图 4–6　镀锌板上面的木框

4.1.3　内夹镀锌板"三明治"复合墙板

木结构建筑中，墙板是重要的非承重构件，可以分为内部墙板和外部墙板两种。在墙板的中间加上一层 0.2mm 或者 0.4mm 厚的镀锌板(图 4–7)，可以有效提升墙板的隔火性能，延缓建筑内部和建筑之间的火灾蔓延，保持建筑内部风貌和外部风貌。图 4–8（a）是施工中的复合墙板,图 4–8（b）是实验后的复合墙板，在所有普通墙板都烧毁以后，复合墙板依然挺立。

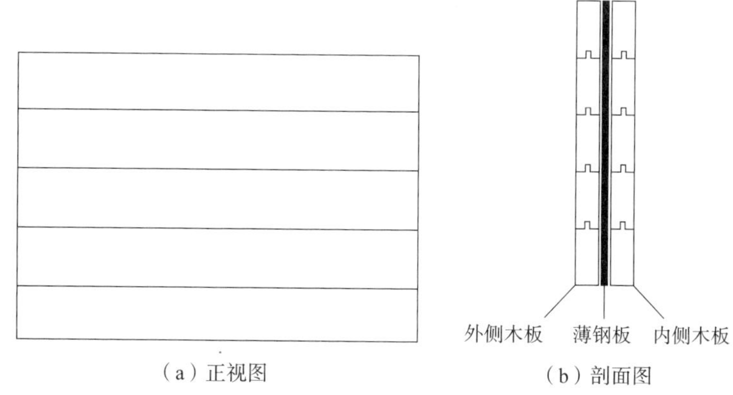

（a）正视图　　（b）剖面图

图 4–7　复合墙板的构成示意图

（a）

（b）

图 4–8　施工中的复合墙板及实施效果

如果不采用复合墙板，而是直接在外墙板上铺装一层镀锌板（图 4–9），或者彩钢板，也有助于避免木板直接受火，可以有效阻止相邻建筑火灾引燃外墙木板，也可以阻止地面杂草燃烧引燃外墙木板。但是，需要注意的是，在重要传统村落，直接外露的镀锌板有可能会对村落的整体风貌产生不利影响。

图 4–9　墙板外加上镀锌板

4.1.4　内夹镀锌板复合望板

西南地区木结构村镇建筑常常采用冷摊瓦屋顶，由于支撑瓦片的木条很窄很薄（图 4–10），在火灾中极易烧穿，导致瓦片塌落（图 4–11），火焰从屋顶窜出，严重威胁高处的相邻的建筑（图 4–12）。

如果参照复合墙板和复合楼板的做法，将冷摊瓦下面的木条改为由两层木板内夹一层镀锌板构成的复合望板（图 4-13），将会大大改善屋顶的耐火时间，有利于延缓建筑火灾的外部蔓延。后续章节将通过数值模拟，证明“复合望板”的优越性。

图 4–10　冷摊瓦下面的支撑木条

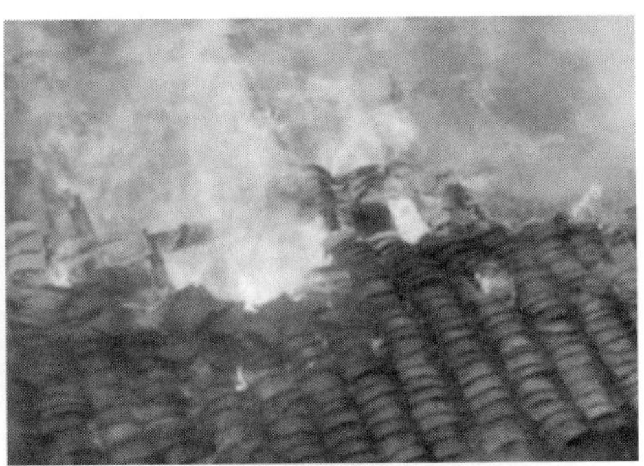

图 4–11　烧穿的冷摊瓦屋顶

图 4–12　屋顶窜出的火焰威胁相邻建筑

图 4–13　“瓦片 + 望板”屋顶体系

4.1.5　内夹镀锌板的复合楼梯盖板

火灾案例及模型实验表明，木结构建筑中的楼梯间是火灾纵向蔓延的重要通道（图 4–14）。发生火灾的时候，如果能把楼梯间处楼板的开口用内夹镀锌板的复合楼梯盖板进行封堵，将会有效阻止热气流和火焰从楼梯口通过，延缓火灾在建筑内部的纵向蔓延。

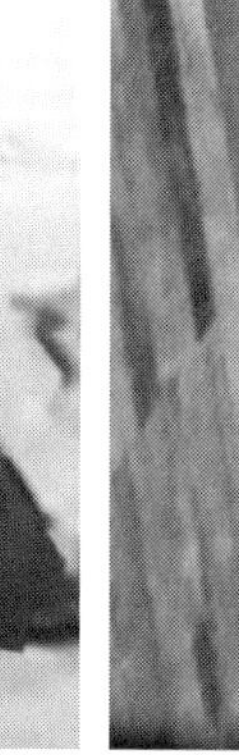

（a）实验刚开始　　（b）实验过程中大量气流通过楼梯间

图 4–14　西南地区某木结构建筑中的楼梯口

4.2　提升结构整体抗火性能技术

如果木结构建筑整体倒塌，则安装在建筑中的所有消防设施、各种结构技术都将失去意义，所谓“皮之不存，毛将焉附”。因此，提升结构本身的抗火性能，是从根本上提升木结构建筑的内部蔓延防控性能、外部直接蔓延防控性能。保证整个建筑结构具有足够的耐火时间，在村镇火灾防控体系中具有独特的地位。

4.2.1　复合托梁技术

托梁是木结构中重要的承重构件。用镀锌板包裹在单根木梁或者双拼木梁的表面，形成复合托梁（图 4–15），会避免木梁在火灾中燃烧，显著提升木梁的耐火时间。复合托梁的表面可以用木板、装饰布等进行遮挡、装饰，避免镀锌板反射光线引起眼部不适。

图 4–15　用镀锌板包裹的双拼复合托梁和单根复合托梁

4.2.2　复合支撑技术

村镇建筑中，经常采用木制剪刀支撑进行加固（图 4–16a）。如果在加固房子的木制支撑上喷涂阻燃剂，或者用镀锌板包裹，会延长支撑的耐火时间，有助于提升整个建筑结构的耐火时间。木支撑或者包裹了镀锌板的复合支撑的位置，建议选定在木梁的中点（图 4–16b），可以显著地改善支撑效果。支撑底端要与木柱或者砖墙等固定牢靠。

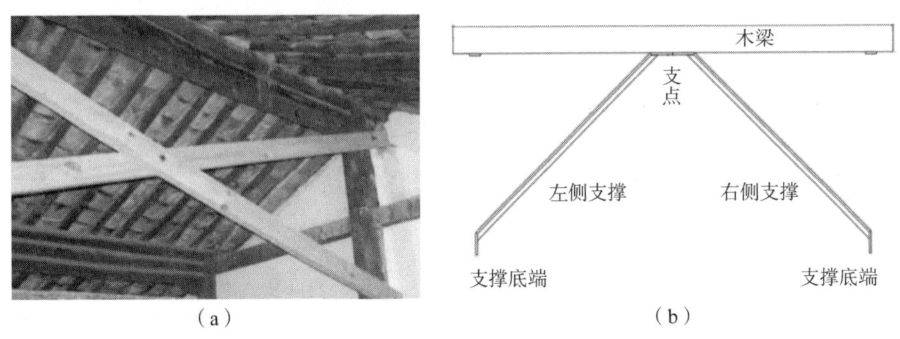

（a）　　（b）

图 4–16　木制剪刀支撑及改进

4.2.3　纵向物理拼接木梁技术

木结构村镇建筑中经常有两个木梁上下叠放的情况（图 4–17a，b）。将上下两个木梁用螺栓、长螺钉或者钢丝固定到一起（图 4–17c，d），能够提升房子的抗火能力和抗震能力，使得房子更加安全。采用物理拼接技术，使得梁的小截面变成大截面，可以实现"小材大用"。

（a）　　（b）　　（c）　　（d）

图 4–17　纵向叠合木梁及物理拼接

4.2.4　隐形长螺钉加固梁柱榫卯节点技术

在村镇木结构建筑中，榫卯节点是木梁和木柱之间的一种常见连接形式（图 4–18）。拥有牢固的榫卯节点，对整个结构的静力性能、抗震性能、抗火性能都具有重要意义。通常，对榫卯节点用扒钉进行加固（图 4–18a）。外露的扒钉容易被火侵袭而失效，影响结构体系的抗火性能。可以通过隐藏在内部的螺栓加固节点（图 4–19）。端部深藏于梁柱的内部，可以避免螺栓直接受火，有助于降低螺栓的温度，延长节点的耐火时间。此外，还可以使用长自攻螺钉（图 4–20）加固节点。螺钉的头部和尾部最好不要露在外部，应该位于木构件的内部，并且用腻子等进行封堵，确保火灾时螺钉的头部和尾部不直接受火。螺栓或者螺钉进入木材的深度最好达到 3cm 以上。

（a）

（b）

图 4–18　村镇木结构建筑中的榫卯节点

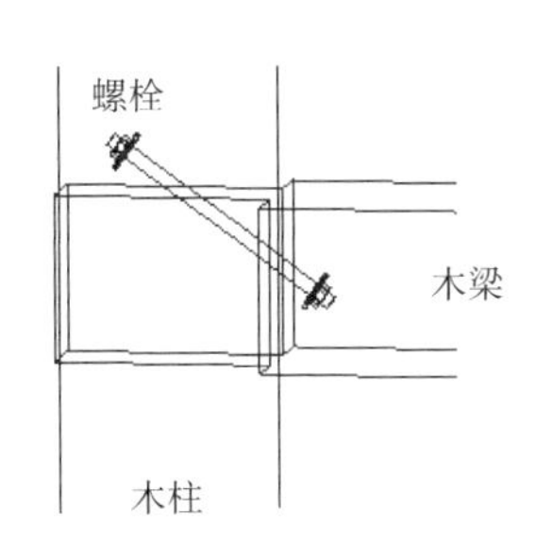

图 4–19　螺栓加固梁柱榫卯节点示意图

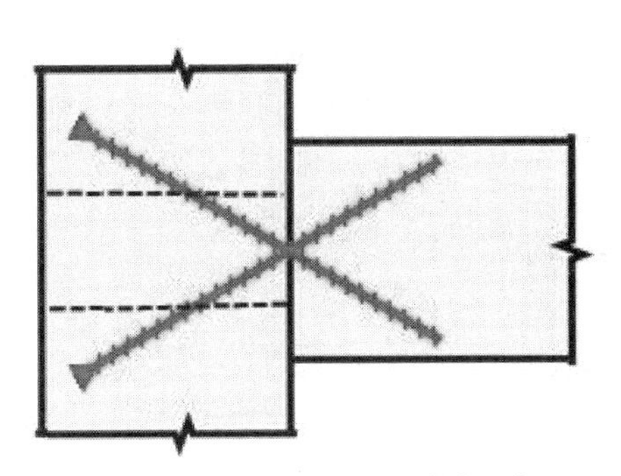

图 4–20　加长自攻螺钉加固节点示意图

4.3 村镇火灾隔空蔓延的适宜性防控技术

带火飞屑随风飘荡会导致建筑火灾的隔空蔓延。建筑火灾的各种蔓延是所有蔓延形式中最难防范的一种。建筑火灾的隔空蔓延一般需要经历三个阶段：①飞屑产生阶段。着火建筑的室内产生飞屑及飞屑溢出室外；着火建筑的外表面起火及飞屑产生。②飞屑随风飘荡阶段。大风携带飞屑，从建筑、树木等上空飞过，到达目标建筑附近。③飞屑降落及引燃目标建筑阶段。飞屑降落到屋顶、墙根等容易堆积杂草、杂物的部位，或者直接飞进室内，引燃室内可燃物。本节将重点介绍目标建筑的防范飞屑侵袭技术，简要介绍空中拦截飞屑技术。

4.3.1 目标建筑的防范飞屑侵袭技术

1. 房屋周边开敞洞口封堵——切断进入室内通道方法

带火飞屑进入室内进而引燃室内物品而导致火灾蔓延，是一种主要的火灾隔空蔓延形式。中国西南地区，年平均气温较高，潮湿多雨，居民对村镇建筑的通风要求较高，对保暖要求较低，因此，房屋上留有很多通风口。通常，在房子两端木板墙的最上端，留有通风口，同时兼作自然采光口（图 4–21）。

（a）贵州黄岗村某建筑

（b）广西金竹壮寨某建筑

图 4–21　木板墙上部的通风开口

为了减少雨水侵袭，减小洞口的面积，很多居民对房子的木板墙上方的通风洞口进行了部分封堵。有的采用彩钢板进行封堵（图 4–22），有的采用树皮进行封堵（图 4–23），有的采用透明塑料进行封堵（图 4–24）。

（a）贵州黄岗村某建筑

（b）贵州高赧村某建筑

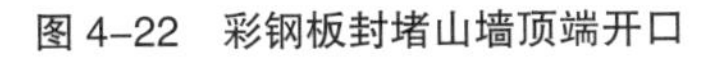

图 4–22　彩钢板封堵山墙顶端开口

（a）贵州黄岗村某建筑

（b）贵州高赧村某建筑

图 4–23　树皮遮挡侧墙上端开口

（a）贵州黄岗村某建筑

（b）贵州高赧村某建筑

图 4–24　用塑料遮挡山墙顶洞口及外墙板

房屋上的这些洞口的简单封堵方法，对于降低或阻止带火飞屑进入进而降低火灾隔空蔓延的概率，具有一定的作用，但是，还可以进一步改进，如采用木板把洞口封死（图 4–25）这种方法，可以进一步降低飞屑进入室内的可能性。为了封堵，又不堵死，可以采用“百叶窗 + 细金属网”的透气系统，既可以保持通风，也可以防止带火飞屑飞入。这种透气系统中间留有一个百叶窗（图 4–26），后面安装金属网（图 4–27），只允许微小的碎屑进入。

图 4–25　用木板完全封堵墙顶洞口（湖南十八洞村某建筑）

图 4–26　百叶窗

图 4–27　百叶窗后面的金属网

需要特别指出的是，以上对洞口的封堵方法，对于防止带火飞屑侵袭是有效的，但是，对于防范相邻建筑之间的直接火灾蔓延效果不明显。因此，对于重要建筑，比如，位于“蔓延阻隔带”内的一类房屋，封堵开敞洞口时，最好采用内夹镀锌板复合墙板进行封堵，可以起到三重作用：能够阻断飞屑进入室内的通道；能够提升对内部火焰的约束能力；提升抵抗外部火焰的侵袭能力。对于重要建筑中的“百叶窗 + 细金属网”透气系统，最好在其室内一侧或者室外一侧，安装和玻璃窗外一样的内夹镀锌板复合挡板，以期起到以上三重作用。

2. 玻璃门窗的防护方法

基于采光的需要，玻璃门窗在村镇建筑中的面积越来越大，特别是新兴的砖木结构建筑、混凝土外包木材结构，由于村镇建筑的间距较小，对玻璃门窗采取合理的防护措施，才能避免被蔓延的命运。2010 年 3 月 4 日贵州大稼村火灾中，大火通过多个砖木结构、混凝土结构的玻璃门窗蔓延

图 4-28　玻璃损毁，混凝土结构被蔓延

导致室内财产尽毁（图 4-28）。这种类型的房子，玻璃门窗挡板适合采用双层薄钢板内夹木板或内夹石棉挡板进行保护，其安全水平才能和墙体的安全水平相匹配，进而在火灾中避免被蔓延。反推当时的情况，玻璃门窗的耐火性能，是整个建筑外部围护体系中的短板，在火灾中因热辐射或火焰直接接触而破碎，导致火灾蔓延进室内。如果采用高档防火玻璃门窗，也可以起到保护作用，不足之处是造价较高，在农村的适宜性不足，不具有推广意义。

众多的火灾案例及模型实验表明，玻璃门窗上的玻璃极易被火灾高温损坏（图 4-29），导致火灾蔓延到室内（图 4-30），烧光室内可燃物。采用与制作复合墙板类似的方法，可以制作用于保护玻璃门窗的内夹镀锌板复合挡板。在玻璃门窗外设置内夹镀锌板挡板，在相邻建筑发生火灾时，拉上挡板，能够有效阻挡相邻建筑因火灾而产生的热量通过玻璃门窗向室内传递，避免室内窗帘等物品发生燃烧，是延缓邻居家火灾蔓延到自己家的重要手段。当周边环境允许时，也可以在单层木板外安装一层较厚（比如 1mm 厚）的镀锌板形成“双层挡板”（图 4-31），从而减轻挡板的重量，便于移动。

（a）火灾实验前的玻璃窗

（b）火灾中破碎的玻璃窗

图 4-29　玻璃窗在火灾实验中的性能

图 4–30　玻璃破碎后火灾蔓延到室内

图 4–31　“木板 – 镀锌板”双层复合挡板

3. 屋顶漏洞的防护方法

在调研过程中，发现很多木结构村镇建筑的屋顶存在漏洞（图 4–32），主要原因是瓦片掉落及瓦片向下滑动。为了防止带火飞屑进入室内点燃可燃物而引发火灾，这类漏洞应该及时修补。把冷摊瓦屋顶改造为“瓦片 – 木望板屋顶”或者“瓦片 – 复合望板屋顶”，是更加理想的防火方法。对于长期闲置的建筑，应将室内的一切可燃物清理干净。

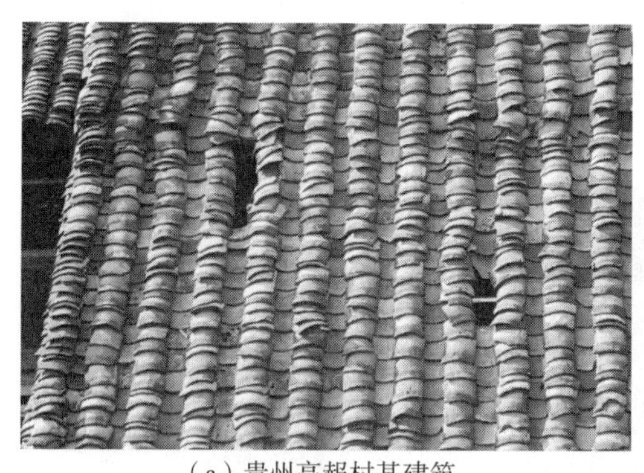

（a）贵州高赧村某建筑

（b）广西金竹壮寨某建筑

图 4–32　屋顶上的漏洞

4. 阳台及内走廊等开敞空间的防护方法

村镇木结构建筑阳台上的干燥植物、树叶、杂草等（图 4–33a），应该及时清理或者隐形遮盖；晾晒的衣物、鞋帽等针织物品也要及时收纳

（a）

（b）

图 4–33　阳台上杂物、衣物

（图 4–33b）。在风大物干、火灾风险较大的秋冬季节，尤其要注意降低这些东西被带火飞屑引燃的风险。

5. 地面与底层楼板之间缝隙的处理

由于我国农村火灾的灾后调查进行得不够充分，目前还没有明确证据，证明某一个木结构村镇建筑的火灾是由于底层地板下面的杂草引起的蔓延，但是，经过底层地板下缝隙引起火灾蔓延的风险是存在的。当底层地板有较大缝隙时（图 4–34a），要及时修补、封堵，一旦飞火引燃下面的秋后干枯的杂草等可燃物（图 4–34b），火焰将直接串入屋内，引燃室内物品，导致火灾蔓延到室内。

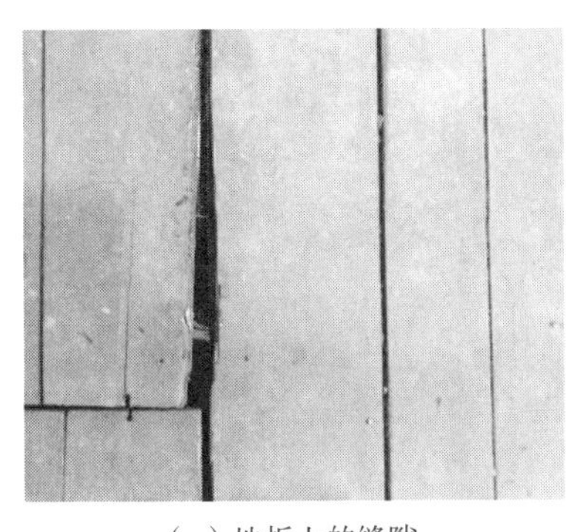

（a）地板上的缝隙

（b）地板下的杂物

图 4–34　底层地板的缝隙及地板下堆积物

当房子的底层木梁及地板与地面之间空间较小时，最好沿着周边进行封堵（图 4–35），不留缝隙，避免缝隙内堆积杂草等可燃物品。如果进行临时封堵，留有缝隙，需要定时对地板下堆积的杂草等进行清理，防止被飞火引燃而导致火灾蔓延。

（a）长久封堵

（b）临时封堵

图 4–35　底层地板与地面缝隙的封堵方法

6. 天井及房屋周边蒿草、杂物的处理方法

我国西南地区的木结构建筑的特点之一是间距小密度大，为了采光及通风，环向布置的房子的中间会留出天井（图 4–36），天井内往往堆放一些杂物。村民平时积攒了大量干柴，往往堆放在天井或者房子周边，同时还要堆放一些杂草（图 4–37）。这些杂草和干柴，在遇到带火飞屑时，极易被引燃，进而引燃建筑的木墙板，导致火灾蔓延。对这种方式引起的火灾蔓延，需要予以足够的重视。

图 4–36　建筑中的天井

图 4–37　房屋周边的蒿草

7. 堆柴的防护方法

蒿草、树枝、木棍、树皮等是农村重要的能源。如果把这些可燃物堆放在房子周边（图 4-38），存在被飞火点燃的极大风险，如何保存他们，是一个需要重视的问题。我们提出如下建议：①砖、石或混凝土的砌块及彩钢板建立单独的空间（图 4-39），分类存储烧柴、杂物。②分类存储烧柴。根据烧柴的直径、类别，把烧柴划分为两大类：易于被带火飞屑点燃类和不易被带火飞屑点燃类。直径较小的树枝、蒿草、杂草、树叶属于易于被带火飞屑点燃类，需要有独立封闭空间，单独存放，露天存放时，表面要有覆盖物；直径较大的木棍、树枝、劈柴，属于不易被带火飞屑直接引燃类，可露天存放。③及时清理建筑周边杂草、树枝等杂物，消除火灾隐患。

（a）堆柴、废旧轮胎

（b）干柴

图 4-38　紧邻房屋的杂物及柴堆

（a）

（b）

图 4-39　简易彩钢板房内存放烧柴

4.3.2 在飞行路径上的拦截带火飞屑技术

本书第3章，提出了“蔓延阻隔带”的概念。“蔓延阻隔带”是一个主动防火与被动抗火结合、消防技术与结构技术结合、传统技术与现代技术结合、人工技术与自然条件结合而形成的立体的、综合的、发展的区域。“蔓延阻隔带”的一个重要的功能就是防范火灾跨区域蔓延，因此，“蔓延阻隔带”应该具备拦截带火飞屑的功能。基于目前的认识水平与我国西南地区村镇的现状，以下几个方面是可以考虑的。

1.“蔓延阻隔带”内布置高大耐火建筑

多个火灾案例已经证明，用不燃材料（砖、混凝土、钢）建成的高大建筑，具有很好的阻止蔓延的作用。实际上，西南地区的村镇居民、政府、消防部门也都认识了这一点。可以看到，在商业氛围比较浓厚的村镇，沿着主要街道两侧的商业建筑，大多为内混外木的具有传统木结构建筑风格的现代建筑。这些建筑本身具有很好的抗火性能，对于减低“连片火灾”的发生概率具有重要作用，是“蔓延阻隔带”的“中坚力量”。需要指出的是，仅仅依靠耐火建筑自身的抗火性能还不足以阻挡火灾的跨区蔓延。实际的火灾案例中，被木结构火灾引燃的钢筋混凝土结构并不鲜见，因此，对于毗邻木结构建筑的耐火高大建筑，本身还需要采取“玻璃门窗外安装复合挡板”“室内安装水喷淋设施”“外墙安装喷淋设施”“室内外安装细水雾设施”等积极主动的技术、设施，首先确保本身不易被蔓延，才能起到遏止火灾蔓延的作用。

2. 村寨中种植常绿高大树木

常绿高大树木具有降低风速、阻挡低空飞屑的作用，因此，在村寨中种植、保护常绿高大树木，对于降低火灾远距离隔空蔓延是十分有利的。

3.“蔓延阻隔带”中设置移动消防水幕

移动消防水幕设备一般需要车载，发生火灾时，由消防队在需要的位置现场铺设，通过消防车或固定消火栓供水，形成连续的水幕，阻挡带火飞屑，也可以减少相邻建筑的火灾辐射热。和固定式消防水炮相比，移动消防水幕设备一次性投资少，对经济欠发达地区，是一个比较理想的选择。图4–40是实验中的日本某公司生产的移动消防水幕设备，水幕高度可以达到 13m，喷嘴间隔 5m。

移动消防水幕的特点是可以放置在最需要的地方，可以节省投资。对于消防队伍的位置判断力、反应速度、操作熟练程度等方面要求较高，影响可靠性的因素较多。

（a）隔火实验

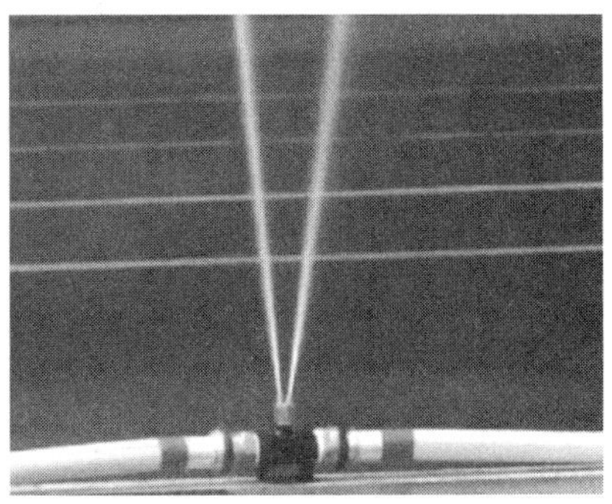

（b）喷水口喷出有倾角的水流

图 4-40　日本的移动消防水幕

4. 大寨划分为小寨，加大“蔓延阻隔带”的宽度

这种思想由来已久。许多文献建议把一个较大的村寨分成几个相对较小的部分，每一部分的建筑总数不超过 50 栋。这一建议的目的是避免一个村庄内的所有建筑物因外部火势蔓延而被完全摧毁。

图 4-41 所示的一个村庄，被自然地分割成两个距离较远的部分，不同部分之间的火灾蔓延概率大大降低。值得指出的是，很难将一个现存的传统村落划分为几个距离较远的小区域。在对村落进行异地搬迁，或者对现有村落进行大规模改造时，应注意对村落布局的合理规划。

图 4-41　贵州某村寨，自然划分为两部分

4.4 他山之石（1）：细水雾系统保护木结构建筑

瑞典有众多的木结构建筑，多次的重大火灾教训和多年的防火实践，使得瑞典对木结构教堂防火问题非常重视，积累了值得借鉴的技术。

这里主要介绍瑞典的两个细水雾技术保护小型木结构教堂的案例，可以作为借鉴，在我国村镇特别重要的建筑中采用。

4.4.1 瑞典海达勒德木桩教堂细水雾技术

这里，首先简要介绍海达勒德木桩教堂（Hedareds stave church）（图 4–42）的细水雾系统概况。海达勒德木桩教堂是瑞典仅存的建在木桩基础上的古老木教堂，位于瑞典西部的西约塔兰省的布罗斯和阿灵索斯的交界位置的海达勒德村（Hedareds village），其历史可以追溯到 1500 年代，因内部壁画、木雕等历史悠久，政府投入巨资对其进行保护。

海达勒德木桩教堂的高压细水雾系统的喷嘴主要安装在室内天花板（图 4–43a）、阁楼（图 4–43b）、屋顶外部、木墙板外部（图 4–44a），对教堂进行全方位的保护。图 4–44（b）是外墙板细水雾系统工作状态。

（a）视角 1

（b）视角 2

图 4–42 瑞典海达勒德木桩教堂的外观

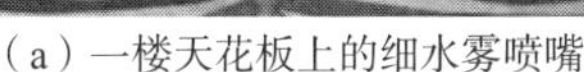
（a）一楼天花板上的细水雾喷嘴　　（b）阁楼中的细水雾管道及喷嘴

图 4–43　室内细水雾系统

（a）细水雾喷嘴　　（b）细水雾系统工作中

图 4–44　瑞典海达勒德木桩教堂外墙板上的细水雾系统

4.4.2　瑞典 Älgarås 教堂细水雾技术

现在简要介绍 Älgarås 教堂细水雾系统的情况。Älgarås 教堂位于 Hova 东南约 20km 处，是一个木结构建筑，屋顶覆盖木瓦（图 4–45），火灾风险等级高。Älgarås 教堂的历史可以追溯到 1460 年，是重要的文物建筑。为了保护这个重要文物，采用高压细水雾系统，在室内、阁楼、塔楼、外墙、外屋顶均布置了高压细水雾喷嘴（图 4–46、图 4–47）。

（a）视角一

（b）视角二

图 4-45　瑞典 Älgarås 教堂的外观

（a）天花板上的细水雾喷嘴

（b）屋檐下的细水雾喷嘴

图 4-46　瑞典 Älgarås 教堂外墙板上的细水雾系统

图 4-47　工作中的 Älgarås 教堂的木瓦屋顶及木板外墙的细水雾系统

细水雾消防系统的优点是效果好，缺点是设备相对复杂（图 4-48），往往需要在附近另建设备用房，还需要配套的火灾探测系统，一次性投资较大，后续维护要求高，适合重要公用建筑或者经济条件好的民宅。

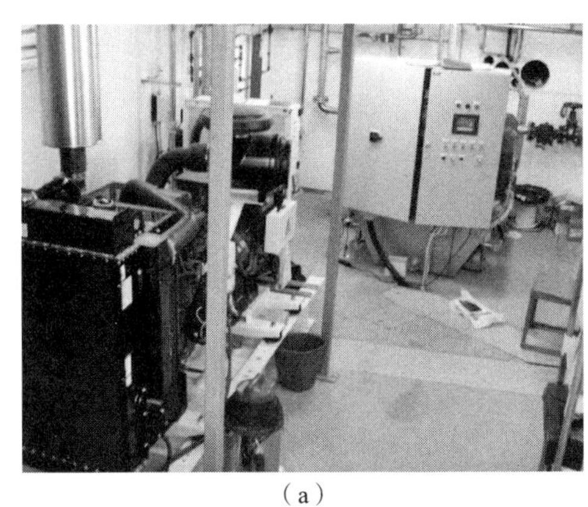
（a）

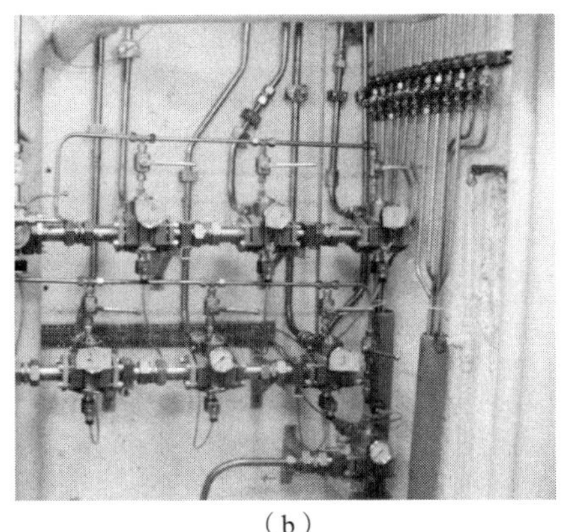
（b）

图 4–48　瑞典 Älgarås 教堂防火系统相关设备

4.5　他山之石（2）：水炮系统保护木结构茅草屋顶建筑

世界上有 220 多个国家和地区，居住在农村的居民还有很多。这些劳动人民经过长时间的生存实践，形成各自的适合当地自然条件的建筑技术和防火方法、技术。这里介绍国外村镇的一些技术，期望给我们带来启发，其中的一些思想和技术，可以在重要的村寨、古建筑的火灾防控实践中采用。

4.5.1　日本白川村的户外水炮

日本白川村利用水炮在建筑周围形成水幕、建筑表面形成水膜，从而有效防范带火飞屑的侵袭，很好地保护了“目标建筑”。在日本大野郡白川村荻町地区，共有 114 栋合掌造建筑（图 4–49、图 4–50），合掌聚落在 1976 年被日本政府确定为“国家重要传统建筑群保护区”，1995 年被联合国教科文组织列入世界遗产，是日本唯一有人居住的世界遗产。合掌造建筑的主要材料是木材和茅草（图 4–50、图 4–51），因此建筑很容易燃烧，也很容易蔓延。加之居民在室内使用明火（图 4–52），加大了发生火灾的危险性。为了防控火灾，特别是为了防止连片火灾，除了室内消防器材以外（图 4–53），村落内配备了 59 支固定式自动消防水炮（直径 65mm），62 个户外消火栓（直径 65mm），28 个室内消火栓（双口，直径 40mm）。此外，还配备消防泵车 3 台、小型动力泵 14 台，其他车辆 10 余台。村内的消防水炮，每年进行两次放水训练，检验设备和培训人员，同时吸引了大量游客。

图 4–49　日本白川村局部

图 4–50　合掌造房屋外观

图 4–51　合掌造房屋内部结构

图 4–52　合掌造房屋内的火塘

（a）探测器

（b）报警器

图 4–53　白川村典型的室内消防器材（一）

（c）干粉灭火器　　（d）室内双口消火栓

图 4–53　白川村典型的室内消防器材（二）

消防水炮放置于外形与合掌造房屋一致的专用防护罩内(图 4–54a)，防护罩可以在水压作用下自动开启（图 4–54b）。水炮可以自动喷水，也可以人工操作。操作人员可以根据风向等因素，调整水炮的角度，选择喷射模式或者喷雾模式。消防水炮主要有三个作用：①在空中形成水幕，阻拦空中飞行的带火飞屑（图 4–55）；②向屋顶茅草喷水，在茅草外表面形成水膜（图 4–56），阻止茅草起火；③万一房子着火，有一定的灭火作用。

（a）平时状态的水炮防护罩

（b）开启防护罩后的水炮

图 4–54　消防水炮防护罩日常状态及开启状态

图 4-55　水炮形成的水幕

图 4-56　水炮打湿茅草屋顶

为了给消防水炮和室外消火栓供水，在白川村东北侧的高地上，修建了一个自然下流式 600t 蓄水池。水池与水炮之间有大约 80m 的高差，可以保证水炮喷出的水柱高度达到 30 多米，59 个水炮可以同时持续喷水 30min。图 4-57 是白川村消防网络配置图；图 4-58 是自流式水炮灭火原理示意图。由于不依赖电力，停电时也能使用水炮、消火栓等灭火设备，极大地提高了消防系统的可靠性。

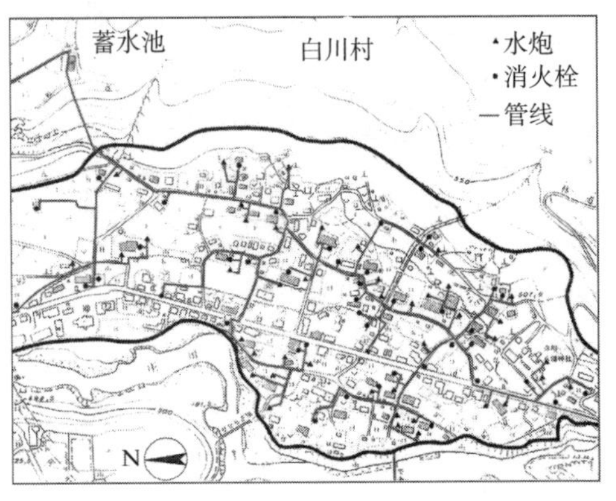

图 4-57　白川村消防网络配置图（蓄水池、管道、水炮、消火栓）（局部）

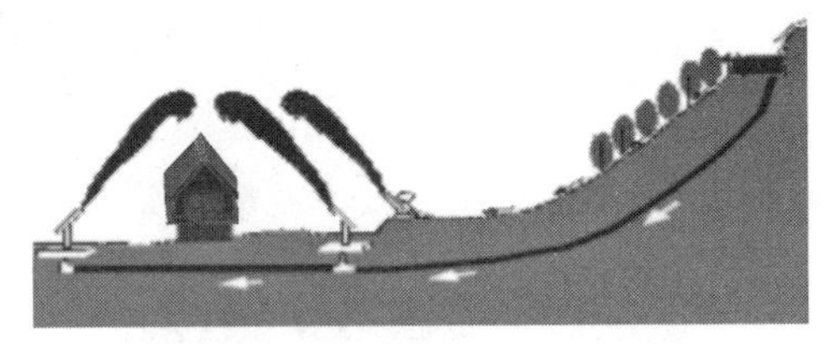

图 4-58　自流式水炮灭火原理示意图

为了对消防系统进行管理，建立了专门的消防室，设立了声光报警塔（图 4-59），确保发生火警以后，全村人员都能知晓，按预案采取行动。

为了检验设备及培训人员，白川村在每年春季的 5 月 20 日与秋季 12 月 1 日 13：30 进行两次水炮的放水演练检查，随着一声警笛信号，所有水炮齐射约 5min，形成一道靓丽的风景（图 4-60）。

图 4-59　声光报警塔

图 4-60　白川村水炮喷水演习

4.5.2　火灾考验

2019 年 11 月 4 日 14 点 40 分，白川村停车场内的放置配电盘的小型木结构茅草屋（图 4-61a）发生电火（图 4-61b），蔓延到相邻的放置农业肥料的木结构茅草屋仓库。两间茅草屋共 $44m^2$ 被烧毁，约 1 小时 50 分钟后扑灭火灾（图 4-62 ~ 图 4-64）。另有一辆皮卡和一辆轿车烧毁。

（a）火灾前

（b）火灾初期

图 4-61　发生火灾的两个小型房子

（a）火灾旺盛期

（b）火灾衰减

图 4-62　火灾过程中

（a）市、村消防队共同灭火　　（b）基本扑灭火灾

图 4-63　灭火过程中

图 4-64　两个小房子发生火灾后，下风向水炮开启，打湿屋顶，拦截飞屑，阻止蔓延

可以说，整个消防体系起到了巨大作用。火灾没有发生蔓延，水炮系统功不可没！需要补充说明的是，在日本，除了白川村以外，美山町（图 4-65）、飞弹之里民俗村（图 4-66）等地的木结构建筑集中的乡村，也安装了水炮，足以说明“水炮保护木结构茅草屋顶建筑”是可以借鉴的技术。

图 4–65 美山町消防水炮演练

图 4–66 飞弹之里民俗村消防水炮演练

4.5.3 对比、思考和启示

可以知道，对于茅草屋顶的木结构建筑群，当一个建筑发生火灾后，带火飞屑引起隔空蔓延的可能性大大增加。2021 年 2 月 14 日云南省翁丁村火灾，火灾蔓延很快，不能排除这种蔓延形式。由于茅草的燃点很低，细小的带火飞屑就能引起火灾蔓延，大大增加了防范的难度。

云南翁丁村老寨作为中国传统村落、中国历史文化名村和省级文物保护单位（图 4–67、图 4–68）。翁丁寨老寨被重新规划后，安装了 24 个消火栓，连接消火栓的消防水池有 3 个，位于寨子最高处。每家每户还配有灭火器、消防梯等设施。2021 年 2 月 14 日 17 时 40 分左右，翁丁老寨发生火灾。翁丁寨村民自述称起火点位于村头的一户传统民宅（图 4–69），发现火势后村民们赶来扑救，尽管消防池里也有水，但启动 10min 后消火栓水压严重不足，导致扑火工作难以进行。起火后恰遇当地大风，出现跳火（隔空蔓延）情形，火势迅速蔓延至全寨（图 4–70），105 户区民，只剩下 4 栋房子相对完好。

云南翁丁村老寨和日本白川村有很多相似之处：都是传统古村落；都是文物保护单位；都以木结构草屋顶建筑为主；都是重要的旅游名胜。相同的村落，不同的命运，源于火灾防控理念、技术、细节等的差别！特别是在技术方面，日本白川村、美山町等乡村的“水炮保护木结构茅草屋顶建筑”技术，值得借鉴。

图 4-67　云南翁丁村老寨局部

图 4-68　木结构茅草屋顶建筑外观

图 4-69　火灾初期

图 4-70　火灾蔓延全村

4.6　他山之石（3）：水幕防控隔空蔓延技术

大内宿位于日本福岛县南会津郡下町，江户时代是“半农半宿”的驿站，现在还保留着 30 多座传统木结构茅草屋顶建筑（山形屋），一条长约 450m 的名为“日光街道”的笔直的中心街道贯穿其间（图 4-71 ~ 图 4-73）。大内宿的景象让人仿佛回到了江户时代，1981 年被选为日本“国家重要传统建筑群保护区”，是福岛县最具代表性的观光景点之一，每年约有 120 万名游客到访。

大内宿中心街道及其两侧的空地，是一个“显性蔓延阻隔带”，自然地把大内宿划分为两大部分，每一部分可以作为一个防火分区。每个防火分区内的木结构茅草屋顶建筑间距很小，发生大规模连片火灾的危险度很高。作为对策，从 1991 年开始各户都配备了自动火灾报警设备、室内消火栓等设施，还在中心街道上设立了声光报警塔。

图 4-71　大内宿鸟瞰

图 4-72　大内宿中心街道（见晴台视角）

图 4-73　大内宿中心街道（路面视角）

中心街道的路面宽度约为 5.4m，加上空地，使得道路两侧房屋之间的距离约为 20m，作为“显性蔓延阻隔带”，对于防止两个分区之间的直接火灾蔓延会起到明显的作用。但是，由于道路两侧的传统建筑的屋顶均为茅草，仅凭道路还不足以遏制两个区域之间的由于带火飞屑而导致的火灾蔓延。所以，大内宿在街道两侧传统木结构茅草屋顶建筑的前面安装了两排共 28 个水炮（图 4-74、图 4-75），同时放水时，可以在两个防火分区之间形成两排约 30m 高的水幕（图 4-76、图 4-77），使“显性蔓延阻隔带”的阻断飞屑能力显著增强，有效降低“区域之间”的火灾蔓延的风险。

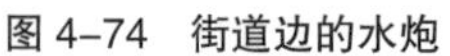

图 4–74　街道边的水炮

图 4–75　检查街道两侧水炮

每年 9 月 1 日是防灾日，作为防灾训练的一环，在上午 10 点水炮一起放水，一般持续时间约 10min，场面很有震撼力（图 4–76、图 4–77）。

图 4–76　水炮形成水幕（路面视角）

图 4–77　水炮形成水幕（见晴台视角）

按照本书观点，日本大内宿的中心街道，实际上是“显性蔓延阻隔带”。为了加强“蔓延阻隔带”的作用，增加了水炮形成的水幕。实际上，水炮具有多重作用：①形成水幕，拦截带火飞屑，打湿带火飞屑，降低因飞屑引起区域间蔓延的风险；②在茅草屋顶表面形成水膜，增加茅草屋顶湿度，遏制漏网飞屑引燃屋顶茅草；③拦截辐射热，降低因热辐射引燃对面茅草屋的风险；④灭火作用，当水炮射程内的茅草屋外部发生燃烧时，可以利用水炮灭火。在这些作用中，最重要的作用是对“显性蔓延阻隔带”的强化，确保“蔓延阻隔带”有效阻止火灾在区域间蔓延，有效降低因火灾导致“全村覆没”的风险！

4.7　本章小结

本章主要介绍了适宜性结构技术基本思路，并针对火灾隔空蔓延提出了一些构造措施和防控建议，然后介绍一些国外木结构建筑火灾防控的成功实践。适宜性结构技术是本书的研究重点，相关研究工作将在后续章节陆续展开。

本章参考文献

[1] Magnus Arvidson. An Overview of Fire Protection of Swedish Wooden Churches[R]. SP Swedish National Testing and Research Institute，2006.

[2] Magnus Arvidson. Experience with Fire Suppression Installations for Wood Churches in Sweden[J]. Journal of Fire Protection Engineering，2008，18（2）：141-159.

[3] Kim，Dong-Hyun，Lee，Ji-Hee. An Experimental Analysis of Thatched-Roof Materials to Assess Fire Risk in Historical Villages[J]. Journal of the Korean Society of Hazard Mitigation，2015，15（5）：117-122.

[4] 崎田，芳晴 . Study on the Use of Water Gun and Other Fire Protection Systems for Fires in Cultural Heritage Buildings based on Example Analysis and Consideration[J]. Bulletin of Japan Association for Fire Science and Engineering，2017，67（2）：69-75.

第5章

适宜性结构技术的足尺实验研究

在所有的村镇建筑火灾防控技术当中，结构技术处于重要的基础地位，因为如果村镇建筑在火灾中很快倒塌，所有安装在建筑上或建筑内部的设备、设施都将失去作用，正所谓“皮之不存，毛将焉附”。

在第4章中已经介绍，为了保证木结构村镇建筑结构具有适当的抗火性能，起到延缓建筑火灾蔓延的作用，课题组提出了以下适宜性新技术：复合墙板、复合楼板、复合托梁、五层木－钢复合楼板、复合支撑、复合挡板、复合望板等技术，新型梁柱节点，等等。课题组对这些技术进行了系列研究，包括实验研究和数值模拟。在消防界，有“农村消防看贵州，贵州消防看东南”的说法，因此，课题组选择贵州省黔东南州榕江县寨蒿镇高赧村，作为大型实体火灾实验的地点。基于当地的建筑、材料、地形、地貌、工艺，在典型的坡地地带，复建了四个建筑，进行全尺寸木结构村镇建筑实体实验。本章重点介绍复合墙板、复合楼板的表现，其他研究内容将在后续章节介绍。

5.1 全尺寸木结构村镇建筑实体实验简介

为探究传统木结构村镇建筑火灾灾变机理和火灾发展蔓延规律，由中国建筑科学研究院牵头的“十三五”国家重点研发计划项目“村镇建筑火灾灾变机理与适宜性防火理论体系”课题全尺寸木屋实体火灾实验，于2020年8月23日在贵州省黔东南州榕江县寨蒿镇高赧村进行（图5-1）。

图5-1 晨雾中的榕江县寨蒿镇高赧村

课题组按照当地村庄建筑布局和现场地形地势，将村中原有木结构房屋拆除后，在实验场地重建 1∶1 真实的 4 栋传统木结构房屋，其中 3 栋在坡下，1 栋在坡上（图 5-2a）。其中，坡下三个建筑中，位于中间的 3 号建筑是本次实验的主要建筑，是重点研究对象，其外观情况可以参见图 5-2（b）、（c）、（d）。课题组在 3 号建筑中布置了多种消防设施，对右侧 1 号小型建筑及坡上的 2 号建筑进行了阻燃处理，在中间的大型 3 号建筑中植入了两种适宜性结构技术：复合墙板以及复合楼板，本章将重点介绍这两种结构技术在全尺寸建筑火灾中的实际效果。

（a）四个木结构建筑全景图

（b）3 号木结构建筑的左前方

（c）3 号木结构建筑的右后方

（d）3 号木结构建筑的正后方

图 5-2　实验用房的全景图及 3 号建筑的多个角度照片

图 5-3 是 3 号木结构建筑的底层平面图及剖面图。参照当地村民家中常用生活设施、家具设备等进行建筑室内布置，并参考当地日常用火方式布置火灾荷载。作为火源的火盆设置在坡下 3 号建筑 1 号居室内，实验真实再现了此类传统木结构建筑从发生火灾开始，经历小火到大火、由起火房间向客厅及其他房间蔓延、由起火建筑向其他建筑蔓延以及建筑倒塌破坏等火灾发生、发展、蔓延的全过程。实验历时约 60min，达到预期效果并圆满结束。

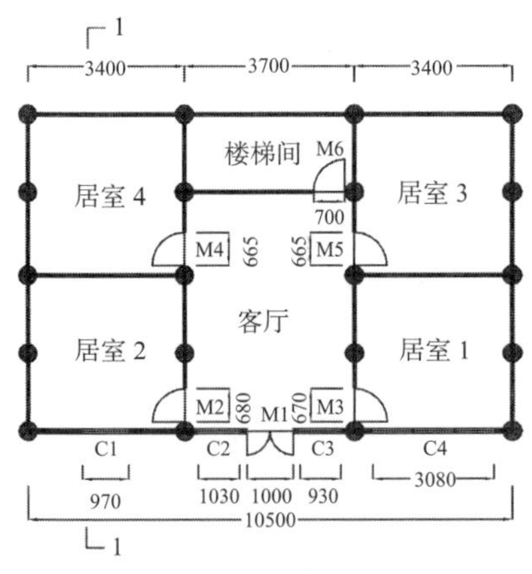

（a）底层平面图

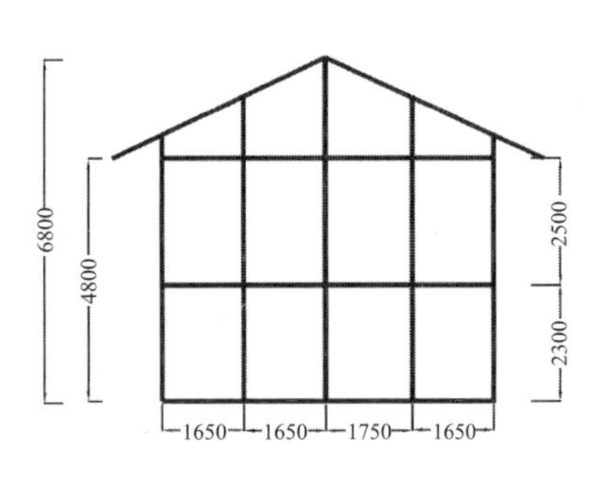

（b）1-1 剖面图

图 5-3　3 号木结构建筑的底层平面图及剖面图（单位：mm）

5.2　实体实验的数据采集系统

图 5-4 给出了实验中使用的温度数据采集系统的各个组成部分。图 5-4（a）为楼板中的铠装热电偶的前端触点，用于感受温度。图 5-4（b）为热电偶导线及温度补偿导线，图 5-4（c）为与导线相连的模拟信号 - 数字信号转换器，图 5-4（d）为与模 - 数转换器连接的终端电脑，用于记录、存储火场中通过热电偶采集的温度数据，并且由专用软件进行分析处理，为后续分析提供可靠依据。

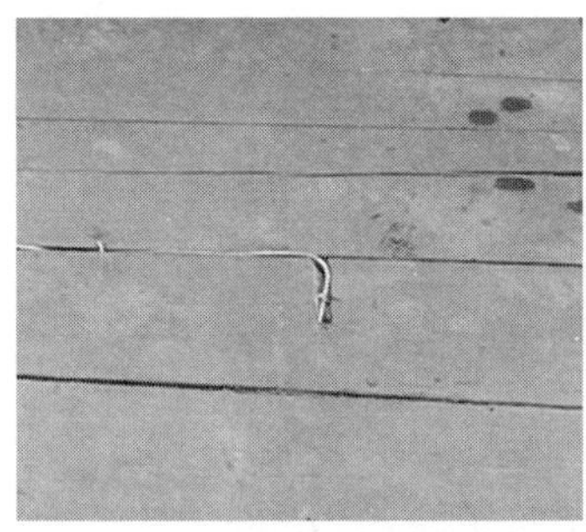

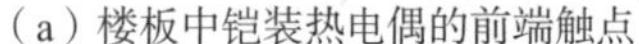

（a）楼板中铠装热电偶的前端触点

（b）热电偶导线及温度补偿导线

图 5-4　温度数据采集系统的各个组成部分（一）

（c）模拟信号 - 数字信号转换器

（d）记录及显示温度的电脑

图 5–4　温度数据采集系统的各个组成部分（二）

5.3　复合墙板的耐火性能

前已述及，在 3 号建筑的实体模型中，植入了“两种适宜性结构技术”：复合墙板和复合楼板。本节主要介绍复合墙板在实验中的施工过程及抗火性能。

5.3.1　复合墙板方案确定

木结构村镇建筑各个房间之间的墙板称为内墙板，建筑周围暴露于户外的墙板称为外墙板。通常的内墙板和外墙板都由一层木板构成。如果在墙板的一侧用钉子加装一层镀锌板，在镀锌板的外侧再用钉子加装一层木板，就形成了复合墙板（图 5–5）。竖向布置的单层木墙板，也可以改造为复合墙板。

图 5–5　复合墙板的构成

内墙板和外墙板，都可以用复合墙板，以提升墙板的隔火能力，延缓火灾的内部蔓延和外部蔓延。

5.3.2　复合墙板施工过程

图 5–6 是复合墙板在 3 号建筑中的位置图。图 5–7 给出了复合墙板的施工过程。图 5–7（a）是既有的单层木墙板，厚度约 25mm，均竖向布置。图 5–7（b）是木工师傅在安装下面的镀锌板，镀锌板的厚度为 0.4mm，幅宽 1200mm，长度根据需要剪裁，图中的镀锌板长度约为 3.8m，每侧比墙板宽出 200mm，用于和两端的柱子连接。将镀锌板与柱子牢固连接，可以使复合墙板和柱子形成整体，增加复合楼板的耐火时间。图 5–7（c）是在安装内部墙板，木板厚度约为 18mm，木板边缘预设企口，安装好的木板之间结合紧密，表面平整（图 5–7d）。图 5–7（e）显示了复合楼板在建筑中的位置，图 5–7（f）显示了复合墙板外面的情况。镀锌板与既有墙板之间、内层木板与镀锌板及既有墙板之间，均用钉子连接。

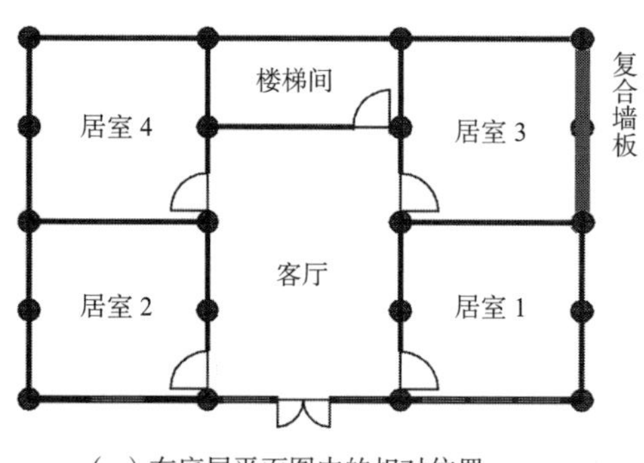

（a）在底层平面图中的相对位置

复合墙板

（b）在右视图中的位置

图 5–6　复合墙板位置图

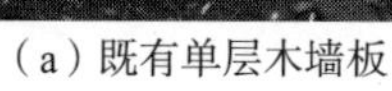

（a）既有单层木墙板

（b）安装镀锌板

图 5–7　复合墙板的施工过程（一）

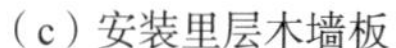

（c）安装里层木墙板

（d）形成复合墙板

（e）复合墙板的位置

（f）复合墙板局部放大

图 5-7　复合墙板的施工过程（二）

5.3.3　复合墙板火灾中破坏过程及主要现象

点火以后，大约 12min，二楼发生轰燃，复合墙板上方的开敞洞口出现火焰（图 5-8a，b，c），房间内燃烧猛烈。点火后约 17min，所有普通木墙板几乎全部烧光（图 5-8d ~ e），只剩下复合墙板在原来位置（图 5-8e ~ h）。点火后 32min，复合墙板所在排架倒塌（图 5-8i，j），复合墙板随着排架一起倒塌到地面（图 5-8k），由于振动，外层墙板与镀锌板之间距离变大，空气进入，满足了燃烧条件，墙板开始燃烧，直至燃尽，露出镀锌板（图 5-8l）。

（a）复合墙板上方的火焰之一

（b）复合墙板上方的火焰之二

（c）复合墙板上方的火焰之三

（d）周边墙板很快烧光

（e）点火 17min，所有普通墙板基本烧光（右侧视角）

（f）所有普通墙板基本烧光（航拍视角）

（g）所有普通墙板均烧毁，仅剩复合墙板

（h）航拍视角下的复合墙板

（i）倒塌瞬间的复合墙板（外部视角）

（j）倒塌瞬间复合墙板（内部视角）

（k）倒塌到地面以后，外层墙板燃烧

（l）复合墙板内的镀锌板

图 5-8　复合墙板在实体实验中的变化过程

实验证明，因为镀锌板夹在两层木板之间，有效地增加了墙板的抗火性能。同时，把复合墙板作为外墙板，可以保持外观不变，保持与其他传统木结构建筑的风貌一致。把复合墙板作为内墙板，可以保持木结构带给人的亲近自然的感觉。

5.3.4 复合墙板实验小结

需要指出的是，柱子是木结构村镇建筑中截面尺寸最大的构件，耐火时间最好，绝大多数情况下，是火灾中最后破坏的构件，因此，把镀锌板和柱子牢靠地连接到一起，使得整个火灾过程中，镀锌板和柱子一直保持为整体，墙板紧密连接在镀锌板上，就可以保证复合墙板的整体性，有效增强复合墙板的耐火性能。加密钉子的分布、增大钉子的长度、加大钉帽或者在钉帽处加上垫片、在镀锌板边缘处卷为多层，是可以采用的简单而有效的办法。

5.4 复合楼板的耐火性能

5.4.1 复合楼板施工过程

复合楼板的位置示意图如图 5–9 所示，位于居室 2 的正上方。既有的单层木楼板如图 5–10（a）所示，厚度大约 25mm。将楼板表面的木屑垃圾清扫干净以后，开始铺设镀锌板（图 5–10b），然后用钉子将镀锌板与下面的木楼板进行连接。安装好镀锌板以后，开始铺设上层楼板（图 5–10c），楼板两边预先加工了企口，可以紧密连接，逐块安装并用钉子与下面的镀锌板及既有楼板连接牢靠，单层木楼板就被改造成为复合楼板（图 5–10d）。图 5–10（e）是复合楼板下面的部分木托梁，图 5–10（f）是复合楼板下面房间内的部分可燃物。

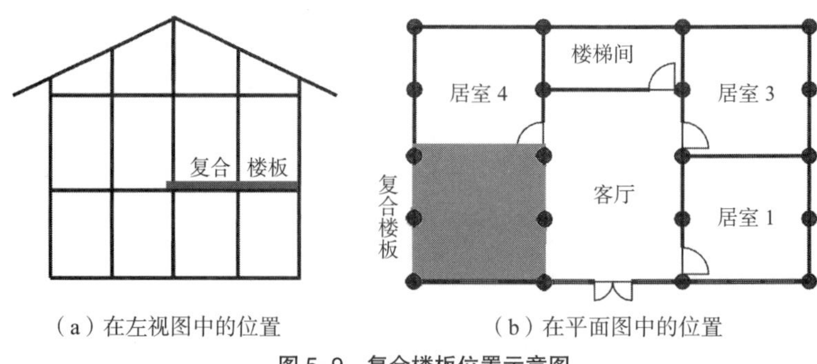

（a）在左视图中的位置　　（b）在平面图中的位置

图 5-9　复合楼板位置示意图

（a）既有单层木楼板　　（b）在单层木楼板上铺设镀锌板

（c）在镀锌板上铺设上层楼板　　（d）形成复合楼板

（e）复合楼板下的普通木托梁　　（f）复合楼板下面房间内的部分可燃物

图 5-10　复合楼板的施工过程

图 5–11 是复合楼板正上方瓦片的分布情况，在实验过程中，这些瓦几乎全部掉落到复合楼板上，对复合楼板产生较大的附加冲击荷载，然后一直作用在复合楼板上，直到复合楼板和托梁一起塌落到地面。

（a）室内视角

（b）室外视角

图 5–11　复合楼板正上方的瓦片

5.4.2　复合楼板火灾中破坏过程及主要现象

实验从居室 1 开始，其中布置了木垛。点火后约 601s 时，居室 1 上方的普通木楼板（图 5–12）烧穿过火。随后开始逐渐烧毁塌落（图 5–13），剩下楼板下面的托梁继续燃烧。可以看出，木托梁 – 普通楼板体系的破坏模式为：木楼板首先烧损、掉落；然后木梁塌落。木托梁 – 普通楼板系统的耐火时间，取决于普通木楼板，因此，耐火时间较短。

由于屋顶的冷摊瓦系统耐火时间较短，屋顶的瓦片、断梁均陆续掉落在复合楼板上（图 5–14），产生较大冲击力，好在镀锌板的存在有效提升

图 5–12　居室 1 上方普通木楼板

图 5–13　居室 1 上方普通木楼板先于木梁塌落

图 5-14　瓦片正在掉落到复合楼板上（坡上视角）

图 5-15　复合楼板发生较大变形

了复合楼板的抗冲击能力；同时，镀锌板的存在有效提高了复合楼板力学性能的均匀性和延性，允许复合楼板发生较大变形（图 5-15）。

实验过程中，所有楼板都坍塌以后，复合楼板依然很坚挺（图 5-16），最后，复合楼板与其下面的托梁一起塌落到地面（图 5-17）。复合楼板上的火焰熄灭以后，可以看到压在复合楼板上的瓦片、热电偶支架、木梁等杂物（图 5-18）。

图 5-16　所有楼板都坍塌以后，复合楼板依然很坚挺（坡上视角）

图 5-17　居室 2 上方复合楼板和木梁一起塌落

和普通楼板相比，复合楼板的耐火时间显著增长，实际上，已经超过了复合托梁的耐火时间。因此，与木托梁 - 木楼板体系相比，木托梁 - 复合楼板体系的破坏模式，已经发生了根本的变化，由“楼板率先烧毁、然后木梁烧毁”的破坏模式，变为“木托梁与复合楼板一起坍塌”的模式。木托梁 - 复合楼板体系的耐火时间取决于木托梁，木托梁 - 木楼板体系的耐火时间取决于木楼板，因此，两种体系的耐火时间和破坏模式均有很大的差别。

图 5-18　掉落在复合楼板上的瓦片等杂物

5.4.3　复合楼板实验小结

客观地说，本次实验的结果并没有完全反映出普通楼板与复合楼板在耐火性能上的差别，两种楼板所在房间内的可燃物的类别、数量、分布，房间的通风条件，发生燃烧的时间、方式，都有较大的不同。但是，有一点是可以肯定的，木托梁 - 复合楼板体系和木托梁 - 木楼板体系的破坏模式已经发生了很大的变化，这是需要引起关注的。

普通木结构村镇建筑中，主要有三大类构件：板、梁、柱。通常来说，柱子的最小截面特征尺寸（比如圆柱直径、方柱边长）较大，梁的最小截面特征尺寸稍小，板的最小截面特征尺寸以及板的厚度，是三种构件中最小的。总体来说，构件最小截面特征尺寸决定了构件的耐火时间，在本次实体实验中有直观的体现。但是，值得注意的是，本次实验中，复合楼板的耐火时间已经大于普通木托梁的耐火时间，主要的证据是木托梁 - 复合楼板体系的破坏模式是两者同时塌落到地面，塌落时，复合楼板还基本保持为整体。由此，可以推断出两种提高托梁 - 楼板体系耐火时间的方法：①提高托梁的耐火时间；②加强托梁与柱子之间的连接、楼板与托梁之间的连接、楼板与柱子之间的连接。

5.5　实体实验中的其他发现

在本次实体实验中还发现了其他一些现象，需要进一步研究，在实践中，也要引起注意。

（1）冷摊瓦屋顶体系，耐火时间太短，极大地改变了气流条件，使得室内的燃烧更快。同时，喷射出去的火焰程度较大，威胁坡地上的相邻建筑。

（2）榫卯节点的卯孔内部的燃烧稳定，容易引起柱子截面快速减小，降低抗力，影响耐火极限。

（3）梁和柱子采用榫卯节点连接时，梁的端部截面有所削弱，截面面积减小，容易烧断。

（4）柱子在卯孔处削弱较多，是薄弱部位，需要进行加强。

（5）楼板烧穿是纵向蔓延的重要原因。

（6）楼梯间是热气流引起的纵向蔓延的重要的快速通道。

（7）火场中的飞屑，可以被风吹送到较远的位置，是引起隔空蔓延的主要原因。

5.5.1 屋顶系统耐火性能严重不足

本次实验的主要建筑的屋顶采用冷摊瓦体系（图 5–19），支撑瓦片的木条比较薄，最厚处约为 15mm，耐火时间较短，导致屋顶过早坍塌。实验开始约 9min，瓦片的缝隙中就有大量烟气冒出。火灾实验过程中，二楼发生轰燃后，瓦片缝隙间开始有火焰喷射而出；轰燃 180s 后，屋顶被大面积烧穿（图 5–20），瓦片陆续脱落（图 5–21）。同时，屋顶洞口大大改变了室内燃烧的边界条件，火焰高度不断加大，增加了沿山坡阶梯分布的房子之间的外部蔓延的可能性。

图 5–19　瓦片及支撑木板

图 5–20　二楼轰燃 180s 屋顶大面积烧穿

（a）左前方地面视角

（b）左后方航拍视角

图 5-21　支撑木板烧毁，瓦片大面积掉落

5.5.2　卯孔中燃烧时间较长

当木梁端部的卯头与柱子上的卯孔之间的缝隙较大，特别是经过一段时间的燃烧以后，柱子对木梁的作用接近于固定铰支座，木梁的受力状态接近于简支梁，其两端的剪力最大。由于两端卯头处的截面面积有所减小，因此承载力减小，从抗剪的角度来看，木梁端部是个薄弱部位，发生剪断的概率较大。实体实验中的一些结果，也证明了这一点（图 5-22、图 5-23）。

这些结果，至少证明了以下两点：①火灾下梁柱节点处存在多种可能的破坏模式，包括梁端剪断、梁端弯断、柱子弯断、柱子压溃等，节点处的抗火性能以及破坏模式发生判据，还需要深入研究。②木梁在火灾中的破坏模式，可能包括梁端剪断、梁端弯断、跨中弯断等多种，具体的破坏模式发生判据，也需要进一步研究。本书在后续章节，进行了初步的数值模拟研究。

（a）

（b）

图 5-22　卯孔中的燃烧

（a）双向卯孔处燃烧

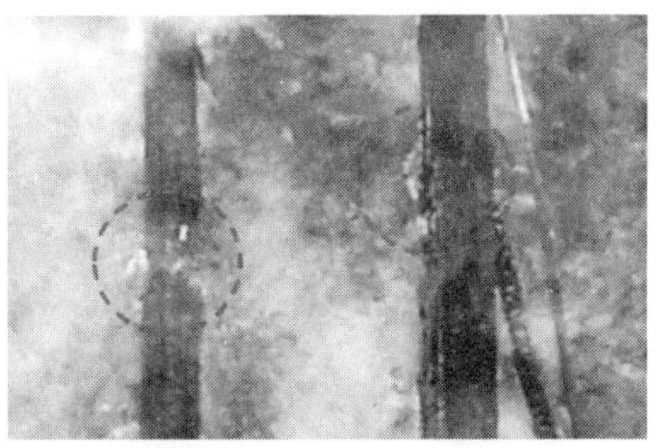

（b）梁断后柱内卯孔中的燃烧

图 5-23　柱子上卯孔中的燃烧

5.5.3　木梁端部耐火时间太短

当木梁和木柱用榫卯节点连接时，通常把梁端做成榫头，以便插入柱子上的卯孔之中，因此，木梁端部的截面受到了削弱，截面面积减小。火灾过程中，卯孔附近的燃烧较为稳定，因此，木梁端部很容易被烧断，在实体实验过程中，发现了很多这样的现象（图 5-24）。这一现象也说明，对榫卯节点处梁端进行保护是有必要的。

（a）

（b）

图 5-24　梁端烧断

5.5.4　木柱在卯孔处折断概率较大

卯孔处耐火性能需要引起重视。柱子是建筑结构中重要的建筑构件，卯孔处是柱子的薄弱部位，火灾中的柱子很容易在卯孔处折断（图 5-25）。保证卯孔处的抗火性能，对于整个建筑结构的抗火性能具有重要意义。

(a)

(b)

图 5-25　卯孔处折断的柱子

5.5.5　楼板烧穿是纵向蔓延的重要原因

一般来说，楼板烧穿和窗口溢流是木结构建筑火灾在房间之间纵向蔓延的可能途径。此次实体实验中，点火房间正上方房间内的主要可燃物为木材，没有窗帘、沙发等易燃物，因此，楼板烧穿就是主要的纵向蔓延途径。实验前，在二楼安装了摄像头，记录了楼板烧穿的过程，在点火约 601s 时，点火房间居室 3 上方的楼板烧穿。图 5-26 是摄像头记录的楼板烧穿瞬间的图片。此次实验，证实了普通楼板的耐火性能不足的弱点，也证明了将普通楼板改造成为复合楼板对于延缓火灾纵向蔓延的必要性。

(a) 点火后 600s，未见火焰

(b) 点火后 601s，楼板出现肉眼可见火焰

图 5-26　普通木楼板烧穿瞬间

5.5.6 楼梯间是热气流引起纵向蔓延的重要的快速通道

一楼房间点火后，轰燃以前，楼板已经被烧穿。轰燃后，由于浮力作用，一楼大量高温气体（含有丰富的可燃气体）通过楼梯口涌入二楼（图 5–27），于是二楼楼梯口附近的柱子（图 5–28）等可燃物被热解进而发生剧烈燃烧。监控视频显示，点火后约 640s，楼梯口柱子被点燃，标志着火灾从楼梯口蔓延到二楼。图 5–29 为二楼楼梯口柱子被蔓延的情况。这种蔓延方式也说明，楼梯间设置复合盖板或者采取其他措施阻止热空气流动是很有必要的。当穿过点火房间上部楼板的火焰与楼梯间处的火焰融合到一起以后，整个二楼进入全面轰燃阶段。

图 5–27 楼梯口及周边的柱子

图 5–28 二楼楼梯口的柱子（燃烧前）

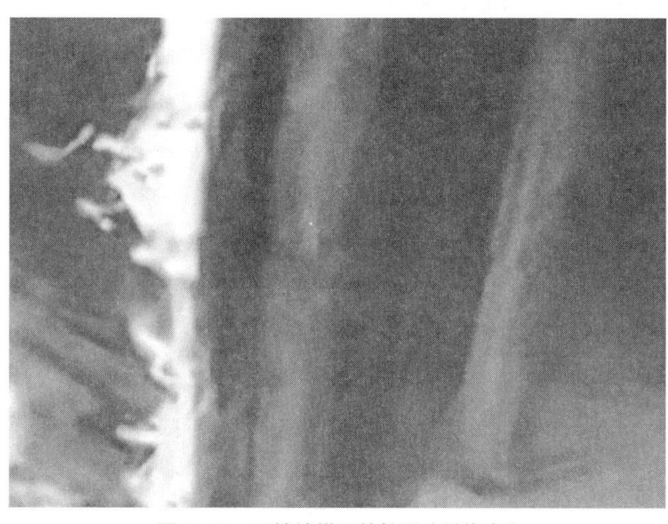

图 5–29 二楼楼梯口的柱子（燃烧中）

5.5.7　火场中的飞屑，可以被风吹送到较远的位置

实验开始时，风速 0.8m/s，西风；实验过程中，风速风向均有变化，风速曾达到 1.3m/s，风向转为北风。图 5–30 是实验结束后观察到的地面上的残留物，包括木质碎屑，主要是木构件表面部分碳化的剥落物，温度较高，有的还在燃烧。

实验开始前，距离房子大约 20m 处安放了测试仪器，在仪器上方布置了遮阳伞。实验过程中，在风的作用下，部分飞屑落到遮阳伞上，烫出孔洞（图 5–31）。实验结束后，在实验现场附近 40m 范围内进行搜寻，找到了一些木质碎屑（图 5–32、图 5–33）。可以设想，如果这些碎屑飞进附近

图 5–30　木材表面的碎屑——带火飞屑的来源之一

图 5–31　被带火飞屑烧出孔洞的太阳伞（距房子 20m）

图 5–32　距离火场边界约 35m 的近似正方形飞屑（宽度 25mm 的飞屑）

图 5–33　距离火场边界约 40m 的长条状飞屑（长度约 20mm 的飞屑）

的建筑内，极易引起相邻建筑之间的火灾蔓延，甚至引起近距离隔空蔓延。因此，发生火灾时，附近建筑迅速封闭大面积洞口、关闭门窗挡板，对于防范带火飞屑引起的近距离蔓延以及近距离隔空蔓延是有必要的。

5.6 实体实验小结

在实体火灾实验中，复合墙板表现出了良好的性能，复合楼板也呈现了很好的耐火性能。根据实验内容，可以得到如下两个结论：

（1）复合墙板和复合楼板展现出了良好的耐火性能。如果整个木结构建筑的单层木墙板和单层木楼板，都改造为复合墙板和复合楼板，费用会相对比较高昂。为了减少投资，可以首先对发生火灾风险较大的房间进行改造。通常，厨房以及有火塘的房间之中存在明火，是火灾高发地带。如果把厨房的木墙板、木楼板改造为砖墙、复合墙板、复合楼板，相当于给厨房加上了“金钟罩”，可以有效防止火灾向室内相邻房间蔓延，也能延缓向户外蔓延，减小对相邻建筑的威胁。

（2）分析发现复合楼板 – 木托梁体系的耐火时间，取决于木托梁，为了提高体系的耐火时间，有必要提高托梁的耐火时间。如果采用适当措施提升木托梁的耐火性能，整个楼板 – 托梁系统的耐火时间还会增长，可有效延缓火灾蔓延。于是，顺着复合楼板的思路，课题组提出了“镀锌板 – 木复合托梁”的构想，并同过模型实验进行验证，详情在第 6 章介绍。

第6章

适宜性结构技术的模型实验研究

由上一章可知，课题组在贵州省榕江县寨蒿镇高赧村进行的实体实验表明，复合楼板及复合墙板具有很好的耐火性能，对于延缓火灾的内部蔓延和外部蔓延具有显著作用。实验过程中，也发现了需要深入研究的问题。当复合楼板下面的托梁采用普通的木托梁时，整个体系的破坏模式为整体坍塌，也就是说，复合楼板－普通木托梁体系的耐火性能取决于托梁的耐火时间。为了提高复合楼板－普通木托梁体系的耐火时间，就需要提高托梁的耐火时间。提高托梁的耐火时间有很多途径，主要有：增大托梁直径、涂刷阻燃剂、用防火板包裹、安装自动喷淋系统，等等。针对中国西南农村地区的实际情况，课题组提出了用薄镀锌钢板进行包裹的适宜性方法。采用薄镀锌板包裹的托梁称为复合托梁，与三层复合楼板组合，形成三层复合楼板－复合托梁体系。

2021 年 11 月 27 日，课题组在沈阳建筑大学火灾实验室，进行了一次三层复合楼板－复合托梁体系与单层木楼板－木托梁体系耐火性能对比实验，结果表明三层复合楼板－复合托梁体系具有非常优越的耐火性能，可显著提高楼板－托梁体系的整体性、隔火性、耐火性能。下面对实验相关内容进行详细介绍。

6.1 实验目的及实验方案

为了提升我国西南地区村镇木结构建筑的楼板体系的耐火性能，课题组提出了复合楼板－复合托梁体系。为了验证新体系的耐火性能，进行此次模型实验。

实验模型的原型，为贵州省榕江县某村一个施工中的木结构住宅建筑（图 6-1），该建筑 2020 年建成。图 6-2 和图 6-3 是该建筑的一个房间，被选为本次实验模型的原型房间，托梁的长度、直径，楼板的厚度、宽度、长度，木材种类，构件之间的连接方式等，均参照此房间确定。

（a）右后视角

（b）右侧视角

图 6–1　模型实验的原型建筑——榕江县某木结构住宅建筑（施工中）

（a）原型房间正视图　（b）原型房间俯视图

图 6–2　模型实验的原型房间

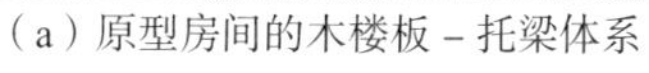

（a）原型房间的木楼板－托梁体系　（b）原型房间的楼板厚度及托梁直径

图 6–3　原型房间的内部及构件尺寸

6.2 实验装置简介

沈阳建筑大学火灾实验室，是省级重点实验室的重要组成部分，有先进的结构抗火实验台，总体处于国际先进水平。本次实验的目的是对不同类型的楼板体系以及屋顶体系进行耐火性能对比，因此，在户外露天试验场，用黏土砖和钢筋混凝土，建立了一个火灾实验炉（图 6–4）。火灾实验炉平面面积 4.2m × 2.8m，炉内平面净尺寸 3.4m × 2.0m，净高 1.6m。该火灾实验炉顶部的中间位置，用一个钢筋混凝土梁作为分界线，把炉子的顶面划分为左右两个部分。混凝土梁的上表面与砖砌体的上表面处于同一个水平面内，便于在梁的两侧分别布置不同类型的楼板体系或者屋顶体系，进行耐火性能比较。钢筋混凝土梁的截面尺寸为 200 mm × 200mm，内部配有钢筋，端部与墙体中的暗梁连接，形成整体，防止钢筋混凝土梁在实验过程中产生过大的挠度，确保多个对比实验能够顺利进行。在炉子的正面开设两个 600mm 宽的洞口，作为运送木垛等材料的通道。实验过程中，洞口作为通道，利用炉内和炉外的压力差向炉内补充空气，维持木垛燃烧。

图 6–4　露天火灾实验炉

6.3　复合托梁简介

本项目中的所有新型构件都考虑了适宜性，希望做到效果良好、造价低廉、易于施工。课题组设计了两种复合托梁。第一种是单根木梁，外部用厚度为 0.4mm 的镀锌板包裹；第二种是首先把两根木梁用螺栓或者钢丝拼接到一起，然后用厚度为 0.4mm 的镀锌板包裹（图 6–5）。

（a）用镀锌板包裹单根木梁

（b）用镀锌板包裹双拼木梁

图 6–5　两种复合托梁

施工时，首先要对木梁表面进行处理，保证木梁表面光滑，没有局部凸起，防止刺穿镀锌板。裁剪镀锌板时，要保证环向搭接以及轴向搭接的长度大于 10cm。

木梁与镀锌板之间，可以采用长度大于 15mm 的气钉连接，间距不大于 200mm；此外，还要用 7cm 钉子连接，间距为 500mm，以便在木梁表面发生碳化时，镀锌板与木梁不会过早分离。钉子长度的选择，主要参考欧洲规范 Eurocode 5 中 0.7mm/min 名义碳化速率的假定，假设复合托梁的耐火时间为 90min，碳化深度大约 63mm。在镀锌板的搭接处，要减小气钉间距，加大气钉密度。

在实际应用时，端部也要封堵，阻止空气自由进入，降低镀锌板与木梁之间的空气含量，尽可能阻止碳化产生的可燃气体在镀锌板与木梁的间隙中燃烧，从而降低木梁表面的碳化速率。同时，复合托梁的外部，可以用木板进行覆盖、装饰，使整个房间呈现普通木结构的视觉效果。

6.4　复合托梁 – 复合楼板体系实验模型

与在贵州省榕江县寨蒿镇高赧村进行的实体实验中的木 – 镀锌板三明治复合楼板相同，本次实验的复合楼板也是用两层杉木板内夹一层镀锌板。杉木楼板的规格为厚度 25mm，宽度 200mm，长度 2000mm，从贵州购买（图 6–6a）。杉木板是企口木板，亦即两边带有凸起和凹槽，可以拼接成整体，共同受力。本次实验使用的杉木托梁也是贵州榕江县生产，直径大约 120mm（图 6–6b）。镀锌板为鞍钢生产，幅宽 1000mm，厚度 0.4mm，长度 20m，使用过程中，可以根据需要用剪刀截取。

内夹镀锌板复合楼板具有良好的整体性能、耐火性能的机理，在第 5 章介绍的大型实体实验中，已经有详细阐述，这里不再赘述。

（a）杉木楼板　　（b）杉木托梁

图 6–6　贵州榕江县生产的杉木构件

6.4.1　制作复合托梁 – 复合楼板体系实验模型

首先，在炉顶放置 4 根木 – 钢复合托梁，再在复合托梁上铺设底层木板（图 6–7a，b）；然后在底层木板上铺设镀锌板（图 6–7c，）；最后，将上部木板铺设在镀锌板上，形成木 – 钢复合楼板托梁体系（图 6–7d）。

为了更接近原型房间的热流边界条件，在模型的楼板下面、托梁两侧用与楼板相同的杉木挡板进行封堵。实验过程中，多数挡板率先烧毁，改变了炉内气流边界条件，对炉内温度 – 时间曲线产生影响。

（a）在复合托梁上铺设复合楼板的第一块底层木板

（b）在复合托梁上用钉子接续铺设底层木板

（c）在底层木板上铺设镀锌板

（d）铺设上层木板

图 6–7　在复合托梁上安装复合楼板

6.4.2　制作普通木托梁 – 楼板体系实验模型

普通木托梁 – 楼板体系由普通木拖箱和普通木楼板构成，单层普通杉木板的厚度为 25mm，普通木托梁支撑的直径为 100mm。普通木地板 – 托梁系统是实验的对照组。实际木结构中的托梁是放置在主梁上的，制作实验模型时，首先把木托梁放置于炉壁上，需要确保所有 4 根普通木托梁的上表面处于同一水平面内（图 6–8），然后，在托梁上部铺设普通木楼板，两者之间用气钉连接，变为整体，成为普通木托梁 – 楼板体系（图 6–9）。

图 6–8　在炉体上布置普通木托梁

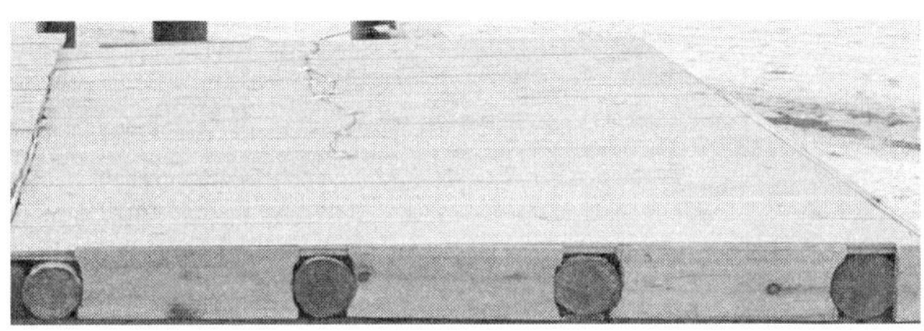

图 6–9　普通木托梁 – 楼板体系

复合托梁－复合楼板体系模型和普通木托梁－楼板体系模型分别布置在实验炉的两侧（图 6-10）。模型主体加工完成以后，就可以进行布置荷载等后续工作了。

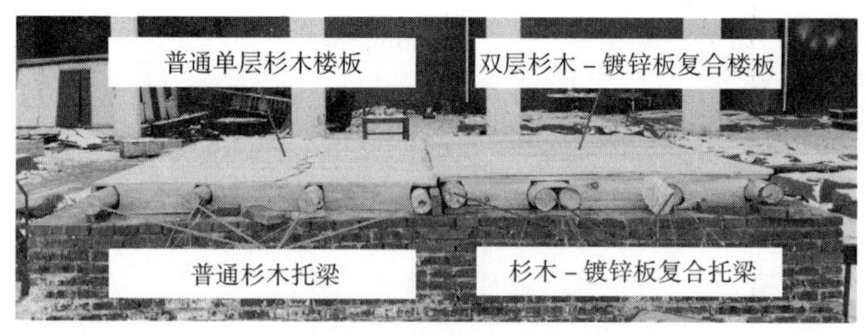

图 6-10　两种模型的布置形式（炉子后面视角）

6.4.3　楼板－托梁体系上的荷载

经综合考虑，决定使用黏土砖作为楼板－托梁体系上分布荷载。根据荷载的集度，把荷载分为两种，第一种是沿着黏土砖长边连续排列 1 层，集度为 102.12N/m，布置在两个托梁之间的楼板上；第二种是沿着黏土砖长边连续排列 2 层，集度为 204.24N/m，布置在每个托梁正上方的楼板上，双拼复合托梁的正上方楼板上，布置 2 倍的荷载，以及 2 列 2 层的黏土砖（详见图 6-11）。

图 6-11　模型上黏土砖荷载布置图（炉子正面视角）

荷载的计算过程如下：标准的普通黏土砖，其尺寸为 240mm×115mm×53mm，已知密度为 $2.7g/cm^3$，干燥时质量为 2500g，吸水饱和时质量为 2900g。进行模型实验的时候，每块砖的质量为 2500g，沈阳市的重力加速度值为 $9.8035m/s^2$，因此，第一种荷载的集度为：q_1=2.500kg×$9.8035m/s^2$÷0.24m= 102.12N/m；第二种荷载的集度为：$q_2=q_1\times 2$=102.12N/m×2=204.24N/m。

6.5 木垛简介

考虑到中国西南地区村镇木结构建筑的实际情况，认为对比实验不适合采用 ISO 834 曲线作为升温曲线，决定以松木木垛作为燃料，炉内温度按自然升温曲线升温。木垛的原料为东北松木（图 6–12），截面尺寸为 38mm × 68mm，每个木方的长度约为 660mm。木垛下方用三层黏土砖垫高，作为放置油盆的空间（图 6–13），然后叠放木方，每层 5 根，交错摆放（图 6–14）。每个木垛由 20 层木方构成，加上底部砖块之上的 2 根木方，每个木垛木方总的延长米为 67.32m，体积约 0.174m^3。点火前，木方之间的缝隙中放置一些碎布条，用于喷洒酒精（图 6–15），以便引燃木垛。

图 6–12　木垛的原料——松木方

图 6–13　木垛下部预留放置油盆的空间

图 6–14　木垛的搭建方式——纵横交错

（a）复合托梁 – 楼板下的木垛

（b）普通托梁 – 楼板下的木垛

图 6–15　木垛

在炉内放置两堆木垛，木垛中木方的材料、截面尺寸、长度、总体积完全相同。其中一堆置于复合托梁 – 楼板系统的正下方（图 6–15a），另一堆置于普通托梁 – 楼板系统的正下方（图 6–15b）。

下面计算实验过程中木垛释放的总热量。干松木的密度是 500kg/m^3，每个木垛干松木的质量为 500kg/m^3 × 0.174m^3= 87.0kg。松木的高位热值是 18.37MJ/kg，对应的每个木垛的热量为 18.37MJ/kg × 87.0kg=1598.2MJ；松木低位热值是 17.07MJ/ kg，对应的每个木垛的热量为 17.07MJ/kg × 87.0kg=1485.1MJ。因此，每个木垛释放的热量大约为 1541.6MJ，两个木垛释放的热量大约 3083.2MJ。

需要补充的是，酒精、普通木托梁、普通楼板、复合楼板的底层木板，在实验过程中也会释放热量，这些热量在进行数值模拟研究以及工程设计时，需要加以考虑。

6.6　模型的热边界条件

炉子的墙体厚度为370mm,没有缝隙,实验过程中会吸收一部分热量。原型结构的托梁之间，用木挡板遮挡（图 6-16）。与原型结构一样，模型结构的木托梁以及复合托梁之间的空隙,均采用木挡板遮挡（图 6-17）。木挡板与托梁之间存在一定缝隙，会有一定的气体流出，对炉内燃烧的影响基本可以忽略。但是，当遮挡用的木挡板燃烧殆尽后，会形成较大的通风口，对炉内燃烧的气流边界条件有较大影响。炉体正面墙体上预留的两个洞口，可以向炉内补充新鲜空气，促进炉内燃烧。普通木托梁－普通木楼板体系，当楼板烧穿以后，会通过洞口溢出炉内高温气体，同时正面洞口会补充新鲜空气，加快炉内木垛以及普通托梁和普通楼板的燃烧。

（a）外部视角（木托梁之间挡板）

（b）内部视角（木托梁之间挡板）

图 6-16　原型结构托梁之间的木挡板

（a）外部视角（木托梁之间挡板）

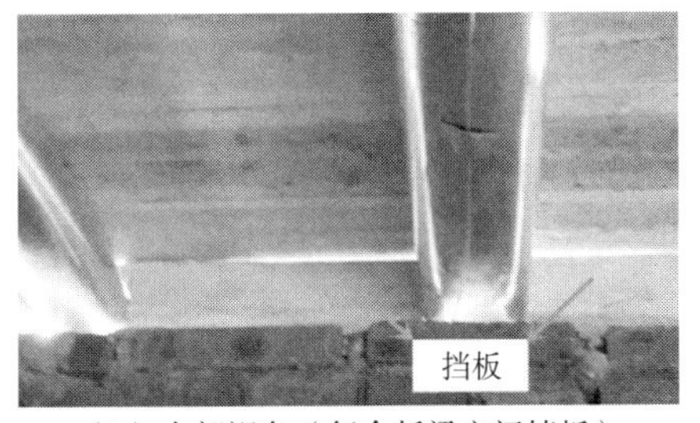

（b）内部视角（复合托梁之间挡板）

图 6-17　模型结构托梁之间的木挡板

6.7 热电偶的布置与数据采集仪器

模型中布置了 18 个直径 3mm 的铠装热电偶（图 6–18），用于测量炉中温度及构件内温度。热电偶的铠装部分长度 2000mm，导线长度 1200mm。

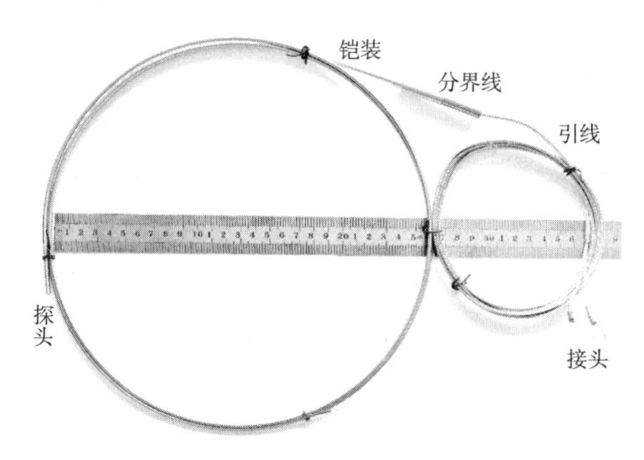

图 6–18 铠装热电偶及其组成部分

18 个热电偶可以分为两大组，复合托梁 – 复合楼板体系相关的热电偶为第 1 组，布置在实验模型正视图的左侧一半的区域内。普通托梁 – 普通楼板体系相关的热电偶为第 2 组，布置在实验模型正视图的右侧一半的区域内。每组的热电偶可以分为 3 类：测量炉内温度的为第 1 类；测量托梁内温度的为第 2 类；测量楼板内温度的为第 3 类。

为了叙述方便，对热电偶进行编号。编号中包括 4 类信息：组号、类别号、类别中序号、总的序号。各类信息编号之间用短横线“-”分隔，各类信息具体的排列顺序为：组号 - 类别号 - 类别中序号 - 总的序号。

首先介绍记录复合托梁 – 复合楼板体系温度的第 1 组热电偶的情况。图 6–19 ~ 图 6–23 显示了复合托梁 – 复合楼板体系中热电偶在模型中的实际布置情况。第 1 组热电偶共有 11 个，按所处高度从低到高，分别用于记录炉子内部温度、复合托梁内部温度、楼板内部温度。用于记录炉子内部温度的热电偶有 2 个，总序号依次为 1 和 2，分别位于复合托梁 CJ2 和

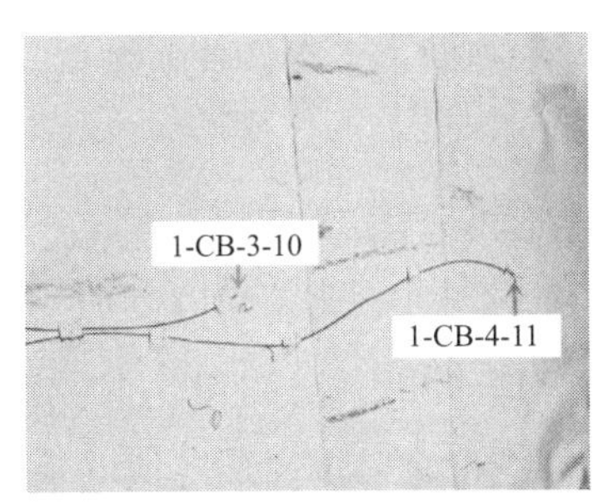

图 6–19　复合楼板中的镀锌板上面的热电偶

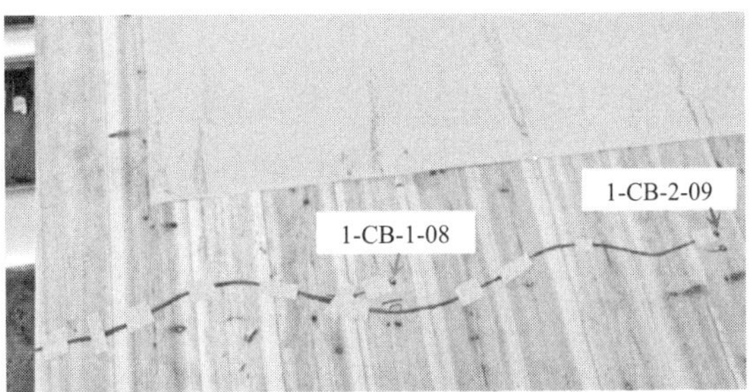

图 6–20　复合楼板中的镀锌板下面的热电偶

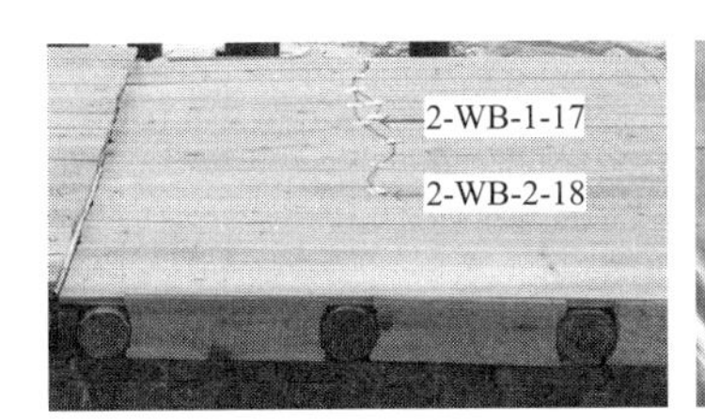

图 6–21　复合（普通）木楼板中的热电偶

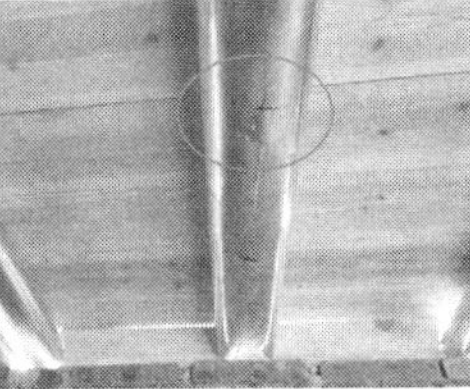
图 6–22　复合托梁 CJ2 下方的记录炉温的热电偶（编号：1–FU–1–01；总序号 15）

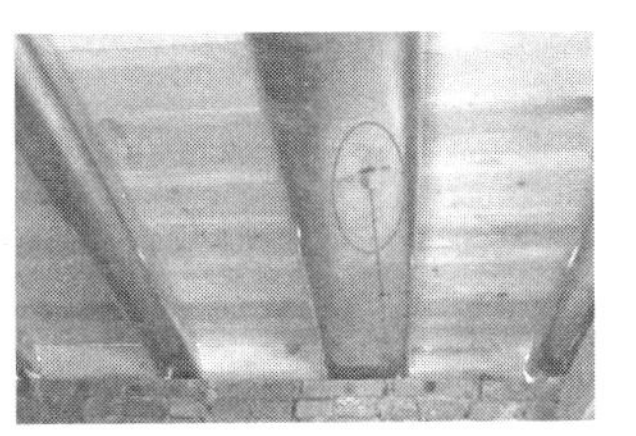
图 6–23　双拼复合托梁 CJ3 下方的记录炉温的热电偶（编号：1–FU–2–02；总序号 16）

CJ3 的底部外表面，轴线方向位于复合托梁的受火区域的中点处（图 6–24）。用于记录复合托梁内部温度的热电偶有 5 个，轴向方向均位于复合托梁受火部分的中心处，其中 1 个（总序号 3）位于单个木梁复合托梁 CJ2 的形心处；另外 4 个（总序号 4、5、6、7）位于双拼木梁复合托梁 CJ3 之中，在横截面上的具体位置参见图 6–24。用于记录复合楼板内部温度的热电偶

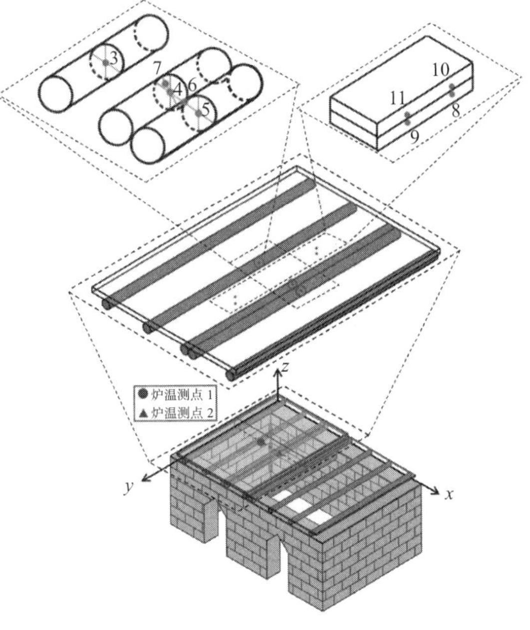

图 6–24　第 1 组热电偶位置及总序号示意图

有 4 个（总序号 8、9、10、11），在复合楼板中镀锌板的上下两侧成对布置，在水平面上的具体位置，参见图 6–24。

为了更精确地描述热电偶的位置，为后续数值模拟奠定基础，建立一个三维直角坐标系，称为测点坐标系。以炉子两个墙体的内表面以及炉子上表面的交点（墙角上表面）为坐标原点，坐标轴与墙体的三个边角线重合，测点坐标系的具体情况参见图 6–25。在测点坐标系中，第 1 组热电偶的几何位置坐标按类别汇总于表 6–1 中。

图 6–25 测点坐标系（确定热电偶位置的直角坐标系）

第 1 组热电偶（测点）的几何位置坐标等信息汇总表 表 6–1

作用	编号	坐标（mm）	备注	总序号
测量炉温 /FU	1-FU-1-01	（1200, 925, 0）	单根复合托梁 CB2 的下面	15
	1-FU-2-02	（1200, 1475, 0）	双拼复合托梁 CB3 的下面	16
记录复合托梁内部温度 /CJ	1-CJ-1-03	（1200, 925, 50）	单根复合托梁 CB2 受火段中部截面圆心	5
	1-CJ-2-04	（1200, 1425,50）	双拼复合托梁 CB3 左梁受火段中部截面圆心	2
	1-CJ-3-05	（1200, 1525,50）	双拼复合托梁 CB3 右梁受火段中部截面圆心	3
	1-CJ-4-06	（1150, 1475,50）	双拼复合托梁受火段中部两梁切点（x 坐标不同）	4
	1-CJ-5-07	（1200,1407,68）	双拼梁左梁受火段中部截面圆心左上	1
记录复合楼板内部温度 /CB	1-CB-1-08	（800,1100,125）	复合楼板中镀锌板下面远离炉门一侧	10
	1-CB-2-09	（1600,1100,125）	复合楼板中镀锌板下面靠近炉门一侧	9
	1-CB-3-10	（800,1100,125.4）	复合楼板中镀锌板上面远离炉门一侧	12
	1-CB-4-11	（1600,1100,125.4）	复合楼板中镀锌板上面靠近炉门一侧	11

注：1. 热电偶（测点）编号中包括 4 类信息的意义：组号 - 类别号 - 类别中序号 - 总序号。

2. 编号中缩写英文字母的含义：FU—FUrnace（炉子）；CJ—Composite Joist（复合托梁）；CB—Composite Board（复合楼板）。热电偶的顺序按 z、x 升序排列。

现在，介绍记录普通托梁 – 普通楼板体系温度第 2 组热电偶的情况。图 6–26 ~ 图 6–28 显示了普通托梁 – 普通楼板体系中热电偶在模型中的实际布置情况。第 2 组热电偶共有 7 个，按所处高度从低到高，分别用于记录炉子内部温度、普通托梁内部温度、楼板内部温度。用于记录炉子内部温度的热电偶有 2 个，总序号依次为 12 和 13，分别位于普通木托梁 WJ2 和 WJ3 的底部外表面，轴线方向位于普通木托梁的受火区域的中点处（图 6–24）。

用于记录普通木托梁内部温度的热电偶有 3 个，轴向方向均位于普通木托梁受火部分的中心处，其中 1 个（总序号 14）位于普通木托梁 WJ2 的截面圆心处；1 个（总序号 15）位于普通木托梁 WJ3 截面圆心处，1 个（总序号 16）位于普通木托梁 WJ2 的截面圆心左上侧，3 个热电偶在横截面上的具体位置参见图 6–24。

图 6–26　普通木托梁下方的记录炉温的热电偶

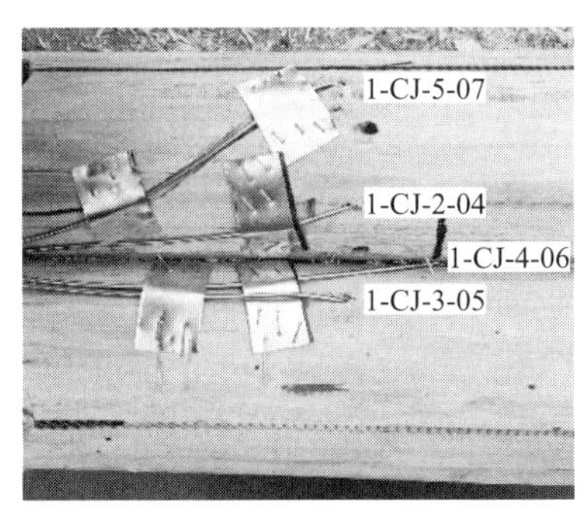

图 6–27　双拼复合托梁 CJ3 中记录梁内温度的热电偶

图 6–28　普通木托梁 MJ2 中记录梁内温度的热电偶

用于记录复合楼板内部温度的热电偶有 2 个，总序号为 17 和 18，布置在普通木楼板上表面，在水平面上的具体位置，参见图 6–29。

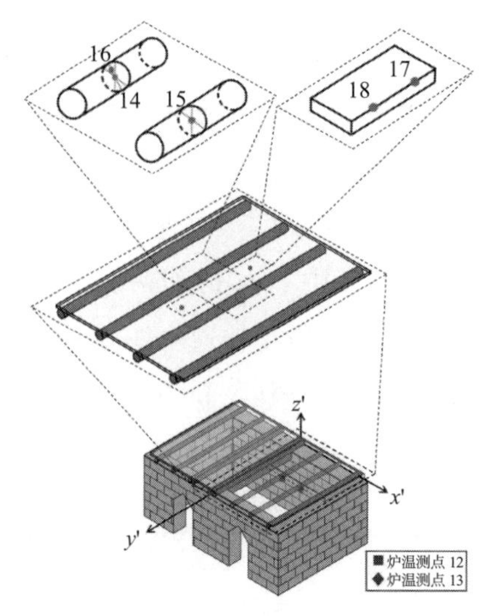

图 6–29　第 2 组热电偶位置及总序号示意图

前面，在确定第 1 组热电偶位置时，已经建立了一个测点坐标系（图 6–25）。在这个测点坐标系中，第 2 组 7 个热电偶的几何位置坐标汇总于表 6–2 中。

第 2 组热电偶（测点）的几何位置坐标等信息汇总表　　表 6–2

作用	编号	坐标（mm）	备注	总序号
测量炉温 / FU	2-FU-1-12	（1200, 2725, 0）	木托梁 WJ2 的下面	17
	2-FU-2-13	（1200, 3275, 0）	木托梁 WJ3 的下面	18
记录木托梁内部温度 /WJ	2-WJ-1-14	（1200, 2725, 50）	木托梁 WJ2 受火段中部截面圆心	6
	2-WJ-2-15	（1200, 3275,50）	木托梁 WJ3 受火段中部截面圆心	8
	2-WJ-3-16	（1200, 2707,68）	木托梁 WJ2 受火段中部截面圆心左上侧	7
记录木楼板内部温度 /WB	2-WB-1-17	（800,3100,125）	木楼板中远离炉门一侧	14
	2-WB-2-18	（1600,3100,125）	木楼板中靠近炉门一侧	13

注：1. 编号中包括 4 类信息的意义：组号 - 类别号 - 类别中序号 - 总序号。

2. 编号中缩写英文字母的含义：FU—FUrnace（炉子）；WJ—Wooden Joist（木托梁）；WB—Wooden Board（木楼板）。热电偶的顺序按 z、x 升序排列。

记录温度的热电偶有 18 个，导线均从炉子背后引出（图 6–30 ~ 图 6–32），接上足够长的补偿导线后，与远处安全区域的 2 台 16 通道温度数据采集仪（图 6–33）连接，全程记录测点温度。

图 6–30　复合托梁 – 楼板体系中的热电偶导线

图 6–31　普通木托梁 – 楼板体系中的热电偶导线

图 6–32　所有热电偶导线的全景图

图 6–33　16 通道温度数据采集仪

6.8　点火——实验正式开始

按预定实验程序，连接、调试仪器等准备工作完成以后，开始正式实验，标志性工作是点火。首先向装有碎布的油盆喷洒乙醇（图 6–34），并将油盆放到木垛下方，然后向木垛空隙中碎布上喷洒大约 1.0kg 乙醇（图 6–35）。

在火把前端棉布喷上乙醇后，用打火机点燃，然后引燃左侧木垛下油盆中的布条（图 6–36），从而引燃左侧木垛；紧接着，用火把引燃右侧木垛下油盆中的布条，从而引燃右侧木垛。

图 6–34　向油盆中碎布上喷洒乙醇

图 6–35　向木垛中碎布上喷洒乙醇

图 6–36　开始点火（10：28：26）

图 6–37　点火后 30s 的情况

本次模型实验，点火成功时间，也就是实验正式开始的时间为 2021 年 11 月 27 日 10：28：26（依据苏志伟同学录制的视频），除非特殊声明，本章后续内容所有的时间都是相对于这个时间点而经过的时间，图 6–37 是点火后 30s 时的情况。

6.9　测点升温曲线

图 6–38 是炉内升温曲线。炉子处于露天环境，各个热电偶的 0 时刻温度为户外气温，大约 –5℃。受风速风向影响，炉内热电偶记录的各个测点温度 – 时间无限趋势一致，具体温度数值略有差异，总体上误差处于可以接受范围内。根据记录的温度数据可知，热电偶记录的炉内最高温度为 918.9℃。

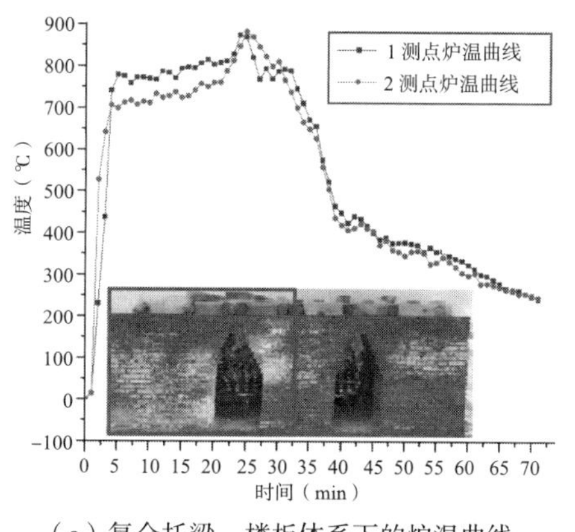

（a）复合托梁 – 楼板体系下的炉温曲线

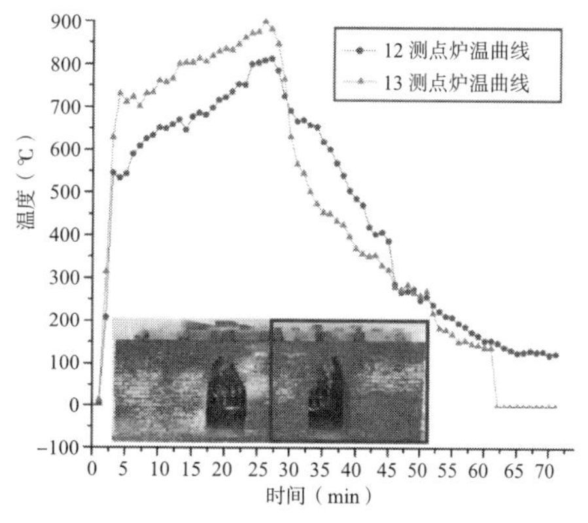

（b）普通木托梁 – 楼板体系下的炉温曲线

图 6–38 记录炉温的 4 个热电偶的温度 – 时间曲线

从图 6–38 中可以看出，两种托梁 – 楼板体系附近的炉温基本均匀，两种托梁 – 楼板体系的热边界条件基本相同，加之其他影响木垛燃烧的条件基本相同，从而可以认为两种托梁 – 楼板体系处于基本相同的火灾场景中，因此，可以基于实验结果证明以下结论：相比于普通木托梁 – 木楼板体系，复合托梁 – 复合楼板体系的耐火性能得到了明显的提升。

图 6–39 是复合托梁及普通托梁内热电偶记录的温度 – 时间曲线对比。其中测点 14、15、16 是普通木梁中的特定位置的温度 – 时间曲线，测点 03 ~ 07 是复合托梁内特定位置的温度 – 时间曲线。总体上看，复合托梁内的温度要远远低于普通木梁内的温度，说明在木梁外边面包裹镀锌板可以降低梁内温度，降低木梁碳化速度，使得复合托梁比普通木梁具有更长的耐火时间。

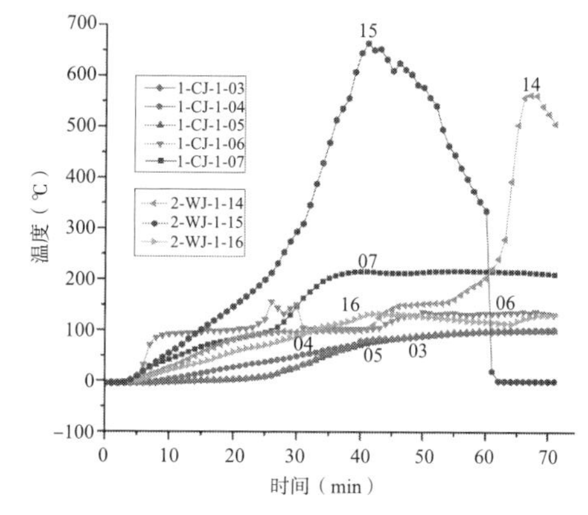

图 6–39 复合托梁及普通托梁内热电偶的温度 – 时间曲线

图 6–40 是两种楼板内热电偶的温度 – 时间曲线。根据实验过程录像记录，在点火后 16min50s，普通楼板中有多处烧穿，使得燃烧边界条件发生很大变化；到点火

22min时，大部分普通楼板已经烧毁。由于普通楼板中热电偶位于托梁附近，使得楼板中热电偶并没有随着楼板烧毁而落入炉膛之中，从而可以持续记录楼板中的温度，但是，点火16min50s以后，两类楼板中的温度已经不具备对比性。

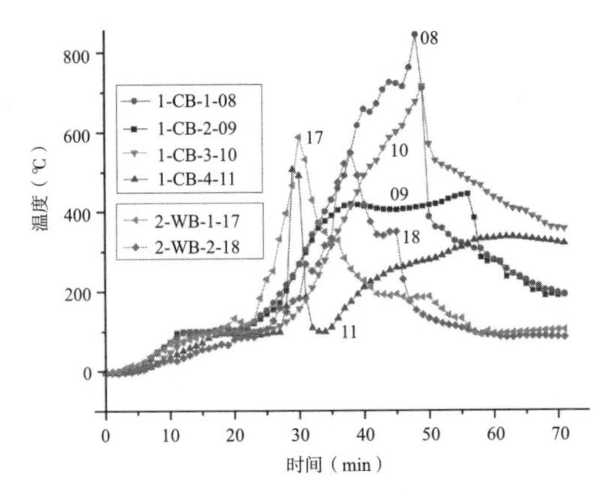

图6-40　两种楼板内热电偶的温度－时间曲线

6.10　实验过程中的主要现象

6.10.1　实验中的主要现象

普通楼板的各个板条之间的企口处，难免存在缝隙，在点火后约1min40s（图6-41），明显看见烟气从普通楼板上方逸出。与之不同，复合楼板中存在薄钢板，整体性得到根本改善，没有发现烟气从复合楼板中向上逸出。在点火后约16min50s，普通楼板多处大面积烧穿（图6-42）。

图6-43是22min16s时，从炉子内部观察两种体系，复合托梁之间的木挡板还有些许残存，普通托梁之间的木挡板基本全被烧毁，复合托梁－复合楼板体系仍然比较完整，复合楼板的底层木板尽管碳化严重，但并没有被完全烧毁和脱落，而普通托梁－普通楼板体系的楼板已经全被烧毁，木托梁碳化严重，但是还能够承受上面的砖块荷载。

图 6-41　点火 1min40s 后，木托梁 - 楼板体系上方有较多烟气通过楼板缝隙逸出

图 6-42　点火 16min50s 后，木楼板多处烧穿

（a）复合楼板中的底层木板并未燃尽脱落

（b）普通楼板几乎完全脱落

图 6-43　22min16s，从炉内观察楼板及托梁

实验进行到大约 26min 时，普通楼板几乎全部烧毁（图 6-44），普通木梁表面碳化严重。实验进行到大约 32min 时，两根木梁塌落，普通托梁 - 普通楼板体系几乎完全烧毁（图 6-45），只有两个木梁由于模拟荷载的砖块掉落而残存。相反，从图 6-45 中可见，复合托梁 - 复合楼板体系外观保持完好。

实验结束后，普通托梁 - 普通楼板体系已经几乎完全坍塌（图 6-45），而复合体系相对完整。尽管复合楼板的底层木板在实验过程中几乎完全烧

图 6-44　26min 时，普通楼板大部分烧毁坍塌

图 6-45　32min 时，两个木梁塌落，整个体系烧毁

毁脱落，露出中间的镀锌板（图 6-46），但是，镀锌板保护了上层木板，降温以后，三位同学站在托梁之间的复合楼板上（图 6-47）而上层木板没有坍塌，说明复合楼板仍具有较大的残余承载力。图 6-48 中，三位同学同时站在单根复合托梁上，没有坍塌，表明单根复合托梁在实验后仍具有较大的残余承载力。图 6-49 中，三位同学同时站在双拼复合托梁上，没有坍塌，表明双拼复合托梁在实验后仍具有较大的残余承载力。图 6-46 ~ 图 6-49 以及墙面的图片表明，复合托梁 - 复合楼板体系中的复合托梁及复合楼板均具有很好的抗火性能，因而，整个体系也具有很好的抗火性能。此外，复合托梁 - 复合楼板体系具有非常好的整体性能、隔火性能、火焰约束性能、灾后可修复性能。

图 6-46　复合楼板的底层木板基本烧毁

图 6-47　复合楼板具有较大残余承载力

图 6-48　单根复合托梁 CJ2 具有较大残余承载力

图 6-49　双拼复合托梁 CJ3 具有较大残余承载力

6.10.2　实验中发现的其他现象

有两个现象值得指出，因为可能会影响到结构的耐火性能及火灾蔓延概率。

第一个现象，复合托梁间木挡板过早烧毁。位于托梁端部的托梁之间的挡板，是一个薄弱环节，在实验过程中较早烧毁（图 6-50），直接影响炉子内部的气流条件，影响燃烧进程，从而影响托梁－楼板体系耐火时间。主要的原因是，挡板与托梁之间、挡板与楼板之间存在较大的缝隙，形成热气流通道，温度升高较快，易于满足燃烧条件，较早出现火焰，导致挡板较早被烧毁。在实际工程中，采用复合托梁－复合楼板体系的同时，要适当加强挡板的抗火性能，比如在两层挡板之间内夹镀锌板形成复合挡板，

（a）炉子背面视角

（b）炉子正面视角

图 6-50　复合托梁间木挡板烧损

会对延长整个复合托梁－复合楼板体系的耐火时间产生积极作用，同时会对“约束火焰，延缓外溢”起到积极作用。

第二个现象，复合托梁端部出现较明显火焰。实验中也发现，复合托梁的端部，由于木梁热解逸出的可燃气体，遇到高温空气后，出现尺寸较大、持续时间较长的火焰（图 6–51）。主要原因是，火灾过程中，木梁碳化后，木梁与镀锌板之间的缝隙会加大，外面空气的进入，会改变木梁与镀锌板之间空隙内可燃气体与空气的比例，出现火焰的概率加大，加速木梁的烧损，降低耐火极限。工程实践中，可以在复合托梁的端部加上用镀锌板制作的保护托梁端部的帽子，尽可能避免木梁端部直接暴露于空气之中，防止复合托梁端部出现燃烧现象，使得复合托梁内部的木梁热解产生的可燃气体在燃烧之前就逸出到大气之中。重要木结构村镇建筑的复合托梁端部，可以采用颜色与木材比较接近的紫铜等材料的梁帽（图 6–52），以避免对建筑的外部风貌产生过大影响。

图 6–51　复合托梁端部的火焰（炉子后面视角）

图 6–52　紫铜梁帽

6.11　降温后构件拆解

实验结束后，对复合楼板和复合托梁进行拆解，以便观察构件内部隐蔽部分的情况。

6.11.1　复合楼板的拆解

复合楼板的下层木板直接受火，因此，大部分已经燃烧、脱落，只有复合托梁的正上方有少量未烧毁，双拼木梁复合托梁正上方残存面积稍大（图 6–53）。

上层木板的顶面基本完好（图 6–54a），由于镀锌板的存在，上层木板的下表面部分热解（图 6–54b），复合托梁的正上方局部范围内没有热解。

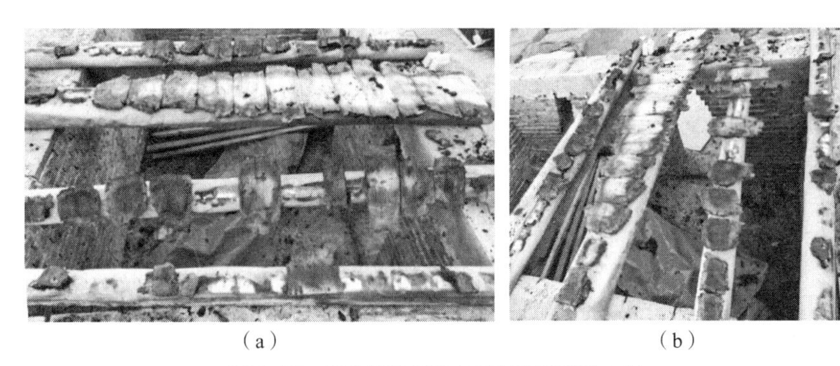

（a）　　（b）

图 6–53　复合托梁的正上方有少量下层木板

（a）复合楼板上层木板的顶面

（b）复合楼板上层木板的底面

图 6–54　实验结束后的复合楼板上层木板的两个表面

对上层木板进行处理，清理掉完全碳化层，经过测量，发现上层木板底面的碳化深度最深处达到 11mm（图 6–55）。

复合楼板中的镀锌板基本保持完好（图 6–56），但是，表面锌膜已经完全脱落，说明镀锌板经历的温度已经超过了锌的熔点（419.5℃）。镀锌板的上表面，留下了大量木材热解产生的焦油等残留物。

图 6–55　上层木板底面的碳化情况

图 6–56　复合楼板中镀锌板保持完好

6.11.2　复合托梁的拆解

复合托梁有单根复合托梁和双拼复合托梁两种。相比之下，中间的两个复合托梁比边上的两个复合托梁受高温影响更大，因此，重点介绍 CJ2 和 CJ3 的跨中截面碳化情况。去掉复合托梁的外部镀锌板，露出内部的托梁。用锯截断木托梁以后，发现截面碳化深度较小（图 6–57），证明外部包裹的镀锌板有效地保护了内部的木托梁。

图 6–58 是复合托梁外部镀锌板实验后的情况，除了锌膜脱落以外，内部钢板相对完好，说明一直对内部木梁起到良好的隔火作用。同时，木梁外的镀锌板托住了木梁表面由于碳化而掉落的残渣，占据了一定空间，降低了空气含量，对阻止木梁表面燃烧起到一定的积极作用。

图 6–59 是普通木梁实验以后的情况，烧损严重，WJ1 和 WJ3 两个普通木梁已经断裂。WJ2 和 WJ4 两个普通木梁上面作用的砖块荷载在木楼板烧损后滑落到炉膛中，因此两个木梁没有断掉。

对比可见，由于受到镀锌板的保护，复合托梁 – 复合楼板体系比普通托梁 – 普通楼板体系具有更优越的耐火性能。此外，复合托梁 – 复合楼板体系施工过程很简单，造价低廉，因此，可以在村镇建筑中推广使用。

（a）复合托梁 CJ2 和 CJ3 的位置

（b）单根复合托梁 CJ2 跨中截面碳化情况

（c）双拼复合托梁 CJ3 跨中截面碳化情况

图 6–57　复合托梁中木梁的跨中截面碳化情况

图 6–58　复合托梁镀锌板相对完好

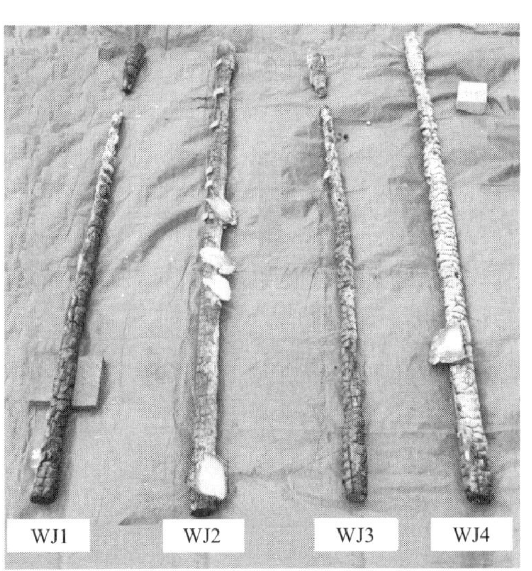

图 6–59　普通木梁实验后碳化情况

6.12 镀锌板发挥作用的机理分析

镀锌板对复合楼板耐火性能提升的机理，已经在前文中做了详细分析，这里不再重复。下面重点分析复合托梁外部镀锌板发挥作用的机理。

外部包裹的镀锌板有效地保护了木托梁，主要机理包括 5 个方面：①在给定温度条件下，任何物体的辐射率在数值上都等于此物体的吸收率。镀锌板的辐射率为 0.35 左右，而钢板的辐射率为 0.7 左右，因此，实验初期，复合托梁外部镀锌板的锌膜反射了大量辐射热。②镀锌板表面温度达到 225℃后，镀锌层会剧烈氧化，形成氧化膜，锌氧化膜熔点高达 1975℃。锌的熔点为 419.5℃，当镀锌板表面较大范围的温度达到熔点时，会形成液滴而掉落，使得镀锌板反射辐射热的能力大幅度削弱。③当镀锌板表面镀锌层脱落以后，内部钢板依然能够阻断来自木垛的辐射热向木梁表面传递的路径。④镀锌板直接阻断了热空气与木梁表面的对流换热。⑤镀锌板与木梁表面间距较小，空间有限，空气量小，木梁中释放出来的可燃气体无法在木梁表面燃烧，而是从端部逸出到空气中。

镀锌板除了能够提升复合托梁和复合楼板的耐火性能，当复合托梁和复合楼板组合到一起，形成复合托梁－复合楼板体系时，耐火性能还会有所提高，出现“1+1>2”的效应。主要原因是，在复合托梁与复合楼板的接触面上，特别是双拼复合托梁与复合楼板的接触面上，底层楼板得到了复合托梁镀锌板的有效保护，有效缓解了底层木板的温度升高速率和碳化速率，进而也降低了上层木板的温度升高速率和碳化速率。

6.13 本章小结

（1）由于镀锌板的保护，使得复合托梁的耐火性能得到了极大提升，从

而提升了复合楼板 – 复合托梁体系的耐火时间，延缓火灾在楼层之间蔓延。

（2）当复合托梁和复合楼板组合到一起，形成复合托梁 – 复合楼板体系时，其耐火性能比传统的普通托梁 – 普通楼板体系有显著提高，呈现“1+1>2”的效应。

（3）托梁两侧的木挡板，是一个薄弱环节，容易烧穿，导致火焰串入相邻房间或者户外，引起房间之间的火灾蔓延，或者相邻建筑之间的蔓延，工程应用时应该注意加强。

（4）复合托梁的端部，最好用镀锌板或铜板等材料进行封堵。复合托梁端部封堵后，会减少空气进入量，降低复合托梁内部燃烧的概率，利于延长复合托梁的耐火时间。

（5）复合托梁 – 复合楼板体系可以显著延迟楼板过烟时间、楼板过火时间、楼板坍塌时间、托梁坍塌时间，对于约束室内火焰、延缓其在内部蔓延起到积极作用，具有重要推广应用价值。

（6）由于模型实验周期长、过程复杂、造价高昂，不可能做很多工况。还有很多工况和细节，需要依赖于数值模拟研究。这方面，已经做了一些初步探讨，后续还有大量研究工作要做。

本章参考文献

[1] 伍作鹏，李书田．建筑材料火灾特性与防火保护 [M]. 北京：中国建筑工业出版社，1999.

[2] Torgrim Log. Cold Climate Fire Risk；A Case Study of the Laerdalsoyri Fire，January 2014[J]. Fire Technology，2016，52：1825–1843.

[3] 蔡炎，刘永军，李思雨．木梁温度场及受火后力学性能数值模拟 [J]. 消防科学与技术，2020，38（1）：38-41.

[4] 于涛郡．村镇建筑新型木 - 钢复合楼板抗火性能研究 [D]. 沈阳：沈阳建筑大学，2021.

[5] 蔡炎．火灾下村镇建筑木梁安全性能演化规律研究 [D]. 沈阳：沈阳建筑大学，2020.

第7章

典型构件耐火性能数值模拟

本书的第 4 章提出了一些适宜性结构技术，第 5 章和第 6 章对一些技术进行了小型模型实验和大型足尺实验。本章主要介绍“物理拼接木梁”的耐火性能数值模拟研究。

7.1 木材的热工性能及力学性能

在利用 ABAQUS 软件对木结构受火后的力学性能进行模拟前，首先确定能反映材料力学性能的本构关系模型，然后选择合理的热、力学性能参数。在使用有限元软件模拟温度场时，所使用的参数包括材料的密度、比热容、热传导系数等随温度变化的值。对于不同学者的研究给出了不同的高温折减系数，其对有限元计算的结果有着很大的影响。模拟应力场时主要用到的参数为抗拉强度、抗压强度和弹性模量等。本章主要介绍了后面章节所要用到的钢材、木材及隔热防火材料在常温及高温下的材料属性，分析对比不同规范及学者提出的相关公式，并从中选取出符合实际应用的关系式，方便展开有限元模拟研究。

7.1.1 常温下木材的力学性能

木材是自然生长的树木所产出的，因此呈现出典型的各向异性。树上的细胞和导管一年重复一次，由大变小，物质由松散变密集，形成了一圈圈的年轮，并且纤维在纵向上紧密排列。树种、区域分布和生长年龄的差异也导致了木材性质的差异。切割后的木材在纵向、径向、弦向三个方向上表现出不同的力学性能（图 7–1），与木材纤维平行的方向为顺纹纵向（*L*）、与木纤维相垂直的方向为横纹径向（*R*）、与年轮相切的方向为横纹弦向（*T*），经过大量试验和研究表明，木材表现出的各向异性可以简化为正交各向异性，本书在模型建立时同样将木材定

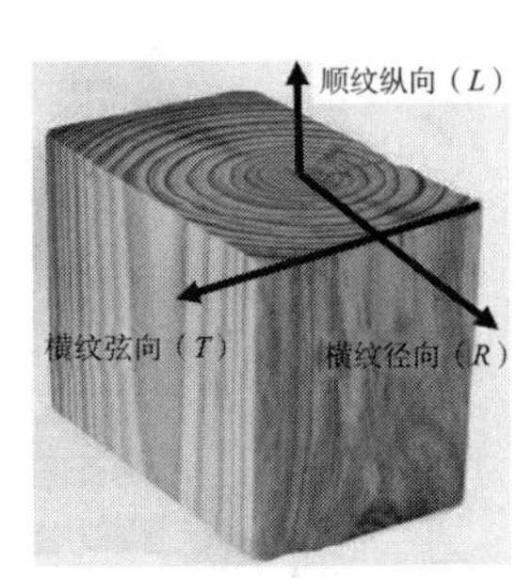

图 7–1　木材的纹理及方向

义为正交各向异性材料，假设同方向上的抗拉、抗压强度相等。

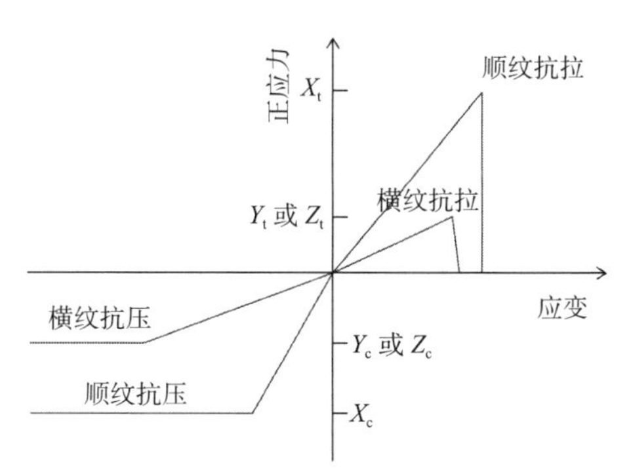

图 7–2　木材的应力 – 应变关系

木材由于属于自然生长的材料，其力学性能非常复杂，木材在常温下的应力 – 应变关系见图 7–2，X_t，Y_t 和 Z_t 分别代表木材的顺纹纵向、横纹径向和横纹弦向的抗拉强度，X_c、Y_c 和 Z_c 分别代表木材的顺纹纵向、横纹径向和横纹弦向的抗压强度。可以看出木材在同方向上受拉和受压表现出明显的区别。木材受拉时应力、应变不断增大，在达到抗拉强度时就会发生脆性破坏，木材受压表现为两个阶段，首先应力、应变不断增大，然后达到抗压强度时应力由增大转为恒定不变，而应变继续增大。

7.1.2　考虑温度影响的木材力学性能

木材属天然有机高分子材料，可在常温常压下燃烧，温度对木材力学性能影响很大，多位学者对木材性能进行研究，其中欧洲规范 EC5 给出了木材在高温下的弹性模量及强度双折线折减模型，本书使用了欧洲规范 EC5 中的木材弹性模量折减系数（图 7–3）及木材强度折减系数（图 7–4）的建议值。

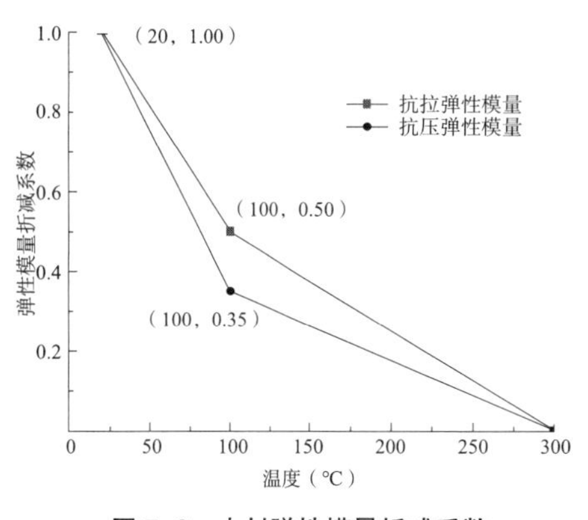

图 7–3　木材弹性模量折减系数

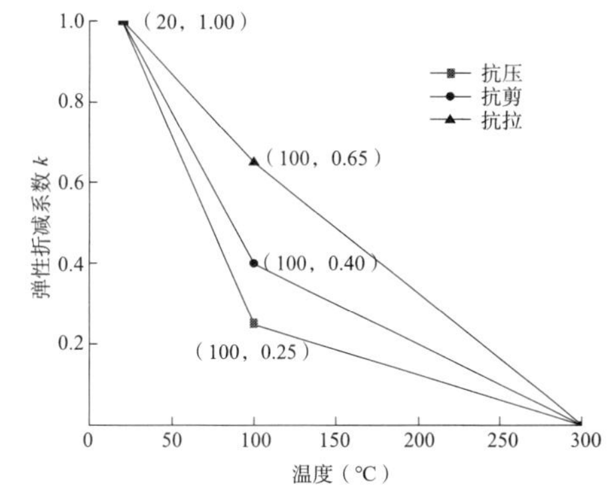

图 7–4　木材强度折减系数

7.1.3 考虑温度影响的木材热工性能

木材内部含有一定水分，温度升高时水分转换为水蒸气向外扩散，减缓木材热解的速度。当木材受火温度不断升高达到 300℃时木材表面会由外向内形成一层碳化，一定程度地影响温度向内部传递，因此温度对木材的性能有着较大的影响，需要分析木材的热工参数，包括热传导系数、密度、比热容对木材性能的影响。

1. 热传导系数

材料直接传导热量的能力称为热传导率，或称热导率（Thermal Conductivity）。热导率表征了单位截面、长度的材料在单位温差下和单位时间内直接传导的热量。各国学者对于木材受火展开了深入的研究，得出了木材随温度变化的热传导系数。Fredlund 认为木材的热传导系数与干燥木材单位体积的质量、含水率和温度有关。在热解过程中，木材分解为木炭和挥发性热解产物，考虑温度及含水率的影响，假设木材的热传导率随温度的升高而增大并呈线性变化。欧洲规范 EC5 采用 Konig 的研究结果，认为木材在 20 ～ 200℃之间热传导率随温度缓慢增大；在 200 ～ 350℃之间由于木材在此区间内发生碳化，碳化部分的导热性能低于木材本身，热传导率随温度呈减小趋势；当温度达到 350℃后，热传导率随温度由缓慢增加逐渐转为大幅度增加，主要考虑了外表面碳化层收缩出现裂纹，温度快速向内传递。此外，Fredlund、Kundson、Janssens、Fragiacomo、Wesche、Barber 等人也同样展开了深入的研究。大多数人认为木材高温下的热传导率呈现出增大 - 减小 - 增大的趋势。各国学者给出的热传导系数随温度变化曲线如图 7–5 所示。

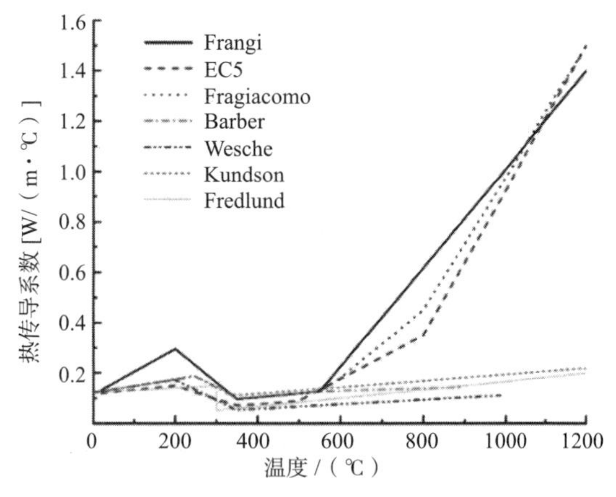

图 7–5　热传导系数随温度变化曲线图

其中 Frangi、EC5、Fragiacomo 建议的热传导系数随温度变化的具体取值见表 7–1，欧洲规范 EC5 考虑了碳化层的影响，本书在温度场模拟时参考了 EC5 中的建议值。

木材的热传导系数　　表 7–1

温度（℃）	热传导系数 [W/（m·℃）]		
	EC5	Frangi	Fragiacomo
20	0.120	0.132	0.132
99	0.133	0.203	0.203
120	0.137	0.223	0.223
200	0.150	0.295	0.295
250	0.123	0.228	0.228
300	0.097	0.162	0.162
350	0.070	0.096	0.096
400	0.077	0.104	0.104
500	0.090	0.119	0.119
550	0.133	0.127	0.127
600	0.177	0.225	0.180
800	0.350	0.617	0.450
1200	1.500	1.400	1.500

2. 密度

木材内部含有水分，温度升高时水分蒸发，木材密度不断下降。国外学者给出了高温下木材密度的折减系数，欧洲规范 EC5 认为，20 ~ 200℃之间，密度受温度影响很小，变化不大；200 ~ 350℃之间，由于木材一些水分的蒸发，以及木材发生热解碳化，密度快速下降；350 ~ 800℃之间，由于木材表面形成了碳化层减缓了温度向内部传递，密度缓慢下降；800℃后，木材不断碳化并在 1200℃变为灰烬，密度变为 0。Frangi、Takeda 也提出了与欧洲规范 EC5 相近的曲线。Fragiacomo 参考了 EC5 与 Frangi 的建议值，认为两个结果趋势相似，证明结果合理。各国学者给出的密度折减系数随温度变化曲线如图 7–6 所示。

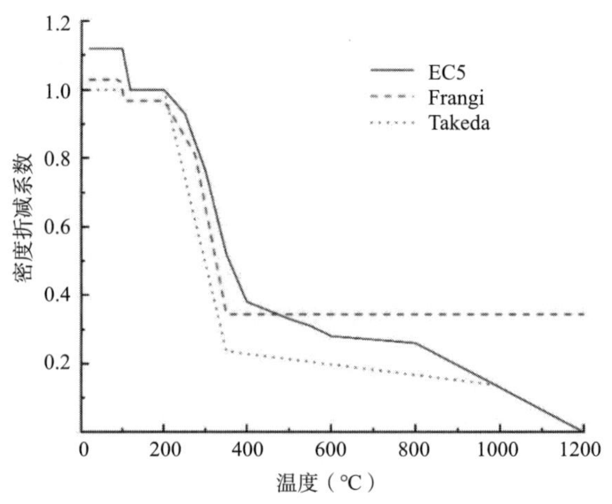

图 7-6　密度折减系数随温度变化曲线图

欧洲规范 EC5 与 Fragiacomo 建议的密度折减系数具体数值见表 7-2，本书在温度场模拟时参考了 EC5 中的建议值。

木材的密度折减系数　　表 7-2

温度（℃）	密度比
20	1+ω
99	1+ω
120	1.00
200	1.00
250	0.93
300	0.76
350	0.52
400	0.38
500	0.33
550	0.31
600	0.28
800	0.26
1200	0

注：ω—含水率。

3. 比热容

比热容表示物体吸热或散热的能力，定义为单位质量物体改变单位温度时吸收或放出的热量。国外学者研究给出了木材比热容随温度变化的曲线。本书列举了 Frangi、EC5、Gammon 及 Janssens 给出的建议值（图 7–7），欧洲规范 EC5 认为木材在 100 ～ 120℃由于水分蒸发吸热，导致比热容突然升高，超过 1200℃后比热容随温度的变化很小。

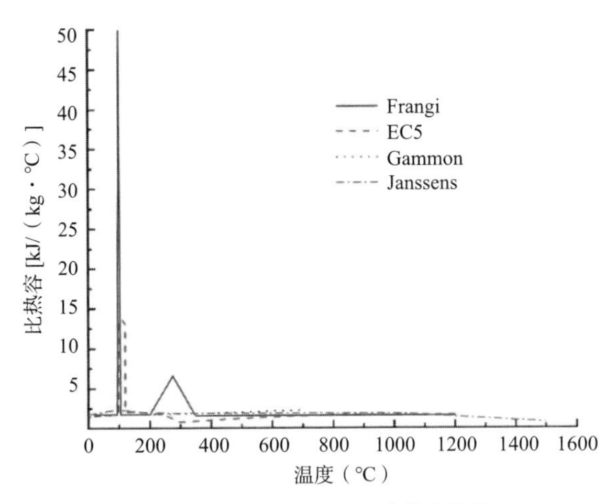

图 7–7　木材比热容随温度变化曲线图

其中 EC5 建议的数值被广泛使用，本书在温度场模拟时采用欧洲规范 EC5 中的数值，具体取值见表 7–3。

木材的比热容　　表 7–3

温度（℃）	比热 [kJ/(kg・℃)]
20	1.53
99	1.77
100	13.60
120	13.50
121	2.12
200	2.00
250	1.62
300	0.71

续表

温度（℃）	比热 [kJ/(kg·℃)]
350	0.85
400	1.00
500	1.20
550	1.30
600	1.40
800	1.65
1200	1.65

7.2 物理拼接木梁的温度场

7.2.1 拼接木梁尺寸和材料

拼接木梁由圆木和方木上下叠放而成，圆木需沿长度方向削出一个与方木顶面相同的拼接面，再由 18 颗螺钉进行连接。圆木直径为 150mm，长度为 4000mm，方木宽 × 高 × 长为 60mm×120mm×4000mm，螺钉长度为 120mm，直径为 8mm、10mm、12mm 和 16mm，钉入角度为 45°、60°和 90°。

拼接木梁选用的木材为杉木，密度为 340kg/m^3，含水率为 12%。螺钉选用 4.8 级普通六角头木螺钉。

7.2.2 拼接木梁温度场模型建立

1. 部件及网格划分

拼接木梁需建立圆木、方木和螺钉三种部件的模型，部件的尺寸与上文介绍相同，按照规定的空间位置关系进行装配。上下木梁采用三维实体建模，圆木和方木为八节点线性传热六面体单元（DC3D8），单元大小约为 10mm × 12mm × 20mm；螺钉采用梁单元建模，螺钉为两节点传热连接单元（DC1D2），螺钉均匀分布有 21 个种子，螺钉单元长度约为 5.7mm。拼接木梁有限元网格划分见图 7–8。

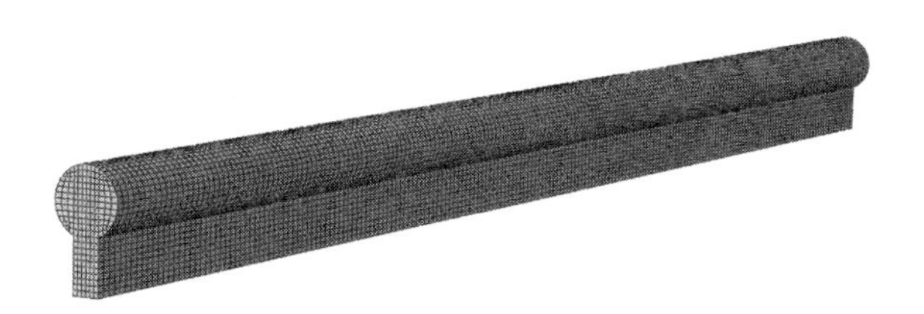

图 7–8　拼接木梁有限元网格划分

2. 材料设置

由欧洲规范 EC5 规定的高温下木材的密度比可算得不同温度下杉木的密度，具体取值见表 7–4。

不同温度下杉木的密度　　表 7–4

温度（℃）	密度比	杉木密度（kg/m^3）
20	$1+\omega$	380.8
100	$1+\omega$	380.8
120	1	340
200	1	340
250	0.93	316.2
300	0.76	258.4
350	0.52	176.8
400	0.38	129.2
600	0.28	95.2
800	0.26	88.4
1200	0	0

注：ω—杉木含水率。

3. 接触设置

为保证热量可以在不同部件之间良好传递，圆木下表面和方木上表面设为绑定约束（Tie），整个分析过程中接触面不发生分离。木梁通过拆分在添加螺钉的地方分割出与螺钉长度相同的分割线，将螺钉与木梁分割线设置为绑定约束（Tie）。

4. 受火边界条件

本书研究的螺钉连接的竖向拼接木梁为三面受火木梁，将圆木上方对应四分之一直径（37.5mm）高度部分定义为非受火面。拼接木梁的长度为4000mm，试件左右两端各440mm部分为绝热部分，只有中间3120mm部分三面受火。

通过施加热对流和热辐射来模拟木梁与周围热空气之间的热量传递。受火面热传导系数为25W/（m^2·℃），热辐射系数为0.8；非受火面热传导系数为9W/（m^2·℃）。绝热部分不设置热对流和热辐射。拼接木梁初始温度通过施加预定义场设为20℃，采用ISO834标准升温曲线进行加热。拼接木梁受火边界条件设置如图7-9所示。

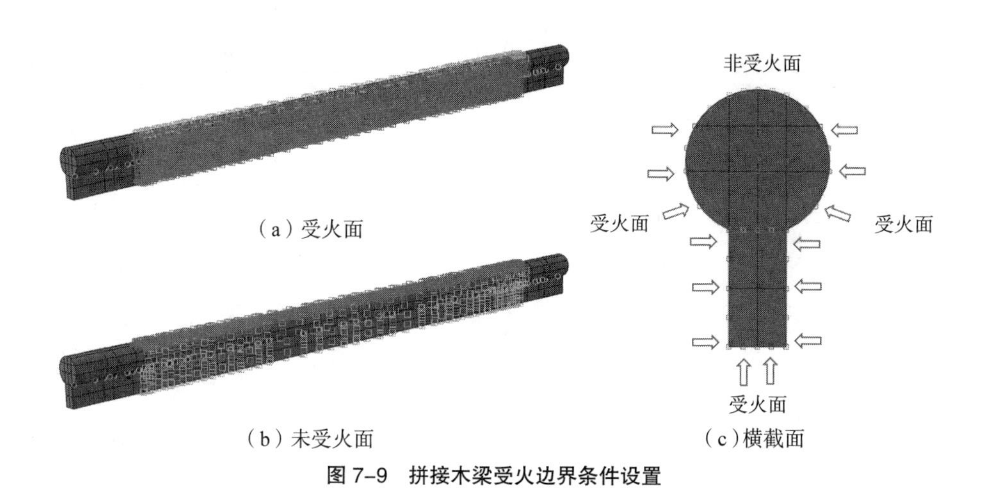

（a）受火面

（b）未受火面

（c）横截面

图7-9　拼接木梁受火边界条件设置

7.2.3　温度场数值模拟结果及分析

本书应用有限元软件ABAQUS对螺钉连接的竖向拼接木梁温度场进行模拟，得到了不同螺钉直径、不同螺钉钉入角度下拼接木梁的温度场。拼接木梁三面受火，两端设置了绝缘部分，各工况下的拼接木梁的温度场分布规律相差不大。本章主要以直径8mm和直径12mm螺钉连接的拼接木梁为例，分析拼接木梁温度场的分布规律和影响因素。将300℃定为碳化温度，温度场分布云图中灰色部分代表已碳化部分，非灰色部分代表剩余有效截面。主要分析了螺钉的存在对木梁温度场的影响、螺钉直径大小对木梁温度场的影响和螺钉的温度场分布。

1. 有螺钉截面和无螺钉截面温度场分布对比

由于钢材和木材的吸热和导热能力不同，受火条件下，螺钉的存在必然会影响周围木材的温度，导致拼接木梁的温度场产生变化，通过无螺钉的跨中截面和存在螺钉的截面进行对比，分析螺钉对拼接木梁温度场的影响。模型 D12L120A90 的无螺钉截面不同时刻温度场分布云图如图 7–10 所示，模型 D12L120A90 的有螺钉截面不同时刻温度场分布云图如图 7–11 所示。

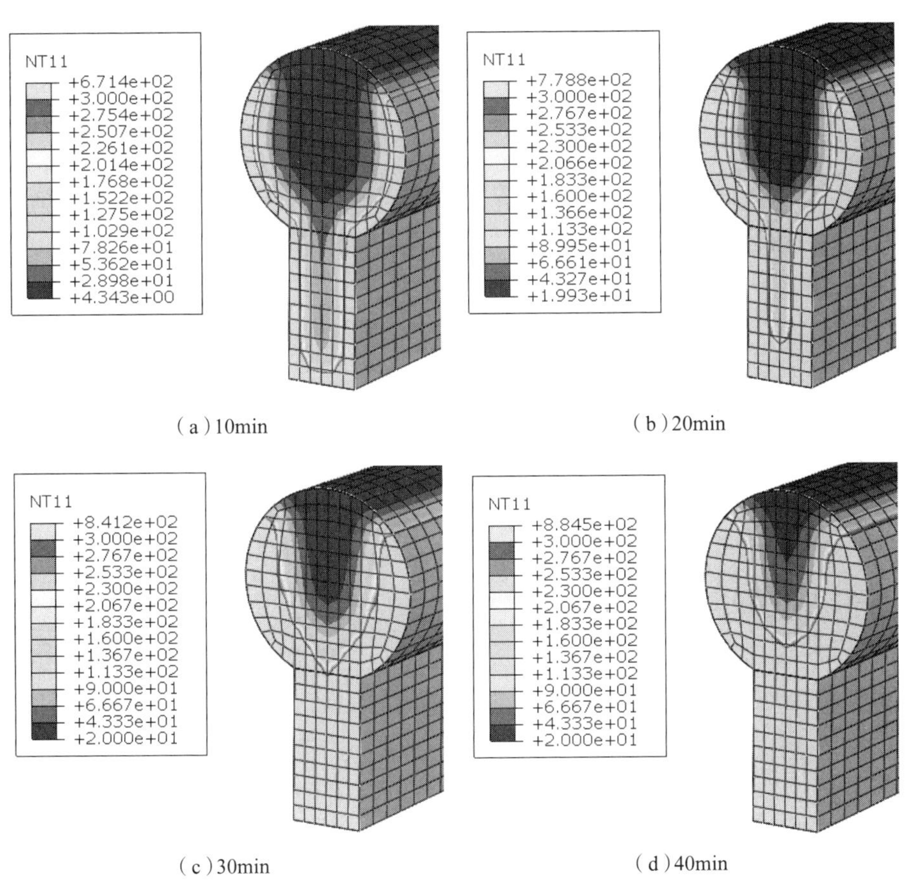

（a）10min　（b）20min

（c）30min　（d）40min

图 7–10　模型 D12L120A90 无螺钉截面不同时刻温度场分布云图（单位：℃）

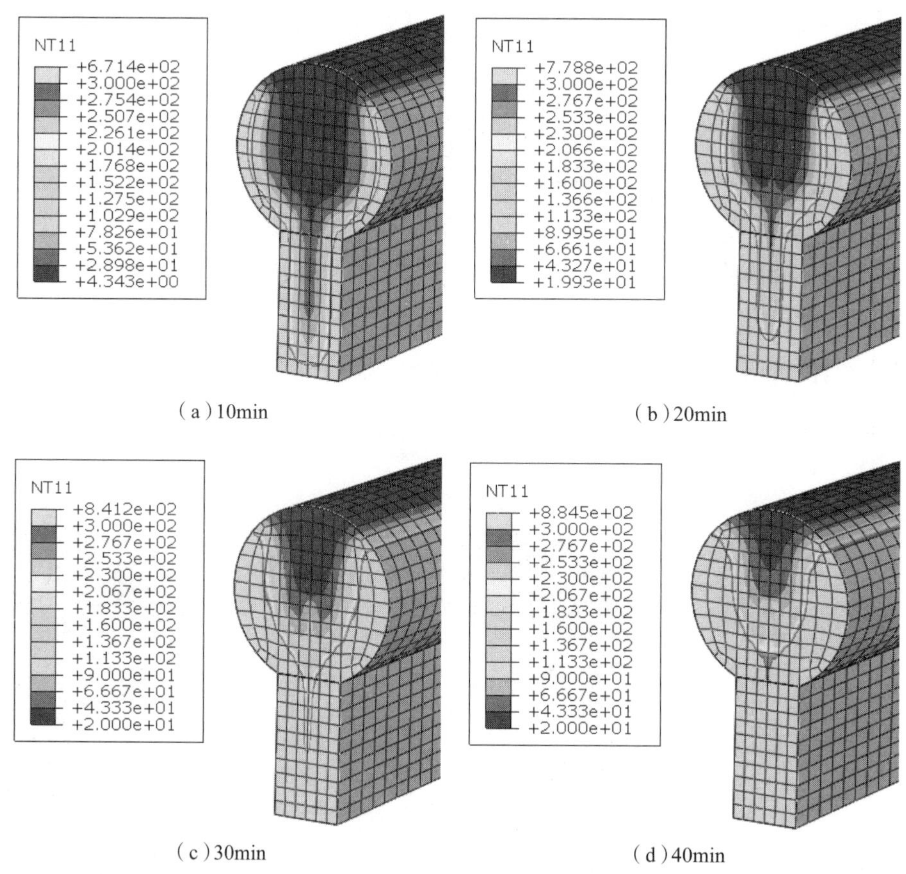

（a）10min　（b）20min

（c）30min　（d）40min

图 7–11　模型 D12L120A90 有螺钉截面不同时刻温度场分布云图（单位：℃）

通过截面温度场对比可知，两种截面的温度场分布是相似的，均以中心线为轴左右对称分布，拐角处呈圆弧状，距受火面越近温度越高。随着受火时间增加，碳化线不断内移，剩余截面逐渐减小，燃烧到 30min 左右下面的矩形截面木梁完全碳化。由于螺钉的吸热和导热作用，在圆木中的螺钉温度较木材高，会向木梁散热，从而在螺钉上部附近温度场出现涡旋，螺钉存在改变了木梁的温度场分布。

为了比较两种截面温度的差异，在模型上选择了 3 个测点来进行比较，测点均在截面中心线上，测点 2 位于拼接面，测点 1 在拼接面下 60mm，测点 3 在拼接面上 60mm。有螺钉截面和无螺钉截面测点温度 – 时间曲线如图 7–12 所示。

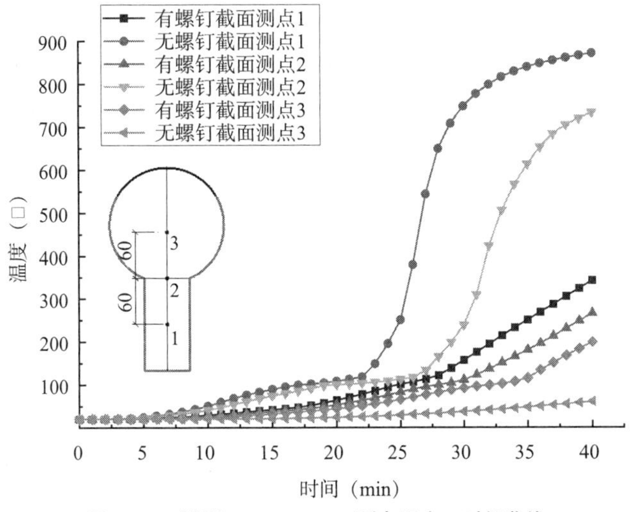

图 7-12　模型 D12L120A90 测点温度 - 时间曲线

通过对比测点的温度，对于测点 1 和测点 2，无螺钉截面的测点温度较高，温度上升速度也较快，且两种截面温度相差较大，这是由于螺钉吸收了大量热量导致木材温度上升较慢。但是对于测点 3，有螺钉截面比无螺钉截面温度高，这是由于螺钉下部受热后传递到螺钉上部，同时螺钉上部又将热量传递给了木材。可见螺钉存在对木梁温度场分布有着较大影响。

2. 螺钉直径对温度场分布的影响

将模型 D8L120190 和模型 D12L120A90 有螺钉截面的温度场进行对比，分析螺钉直径大小对拼接木梁温度场的影响。模型 D8L120A90 有螺钉截面不同时刻温度场分布云图如图 7-13 所示。两种模型的测点温度对比如图 7-14 所示。

通过对比直径 8mm 螺钉和直径 12mm 螺钉连接的拼接木梁温度场分布云图，可知三面受火条件下，不同直径螺钉连接的拼接木梁温度场分布规律相似，均以中心线为轴左右对称分布，拐角处呈圆弧状，随受火时间增加有效截面逐渐减小，在螺钉上部附近木梁温度场分布出现涡旋。

比较两种木梁三个测点的温度，发现同一受火时间相同位置的测点温度存在差异，采用直径 12mm 螺钉连接的拼接木梁测点温度小于直径 8mm

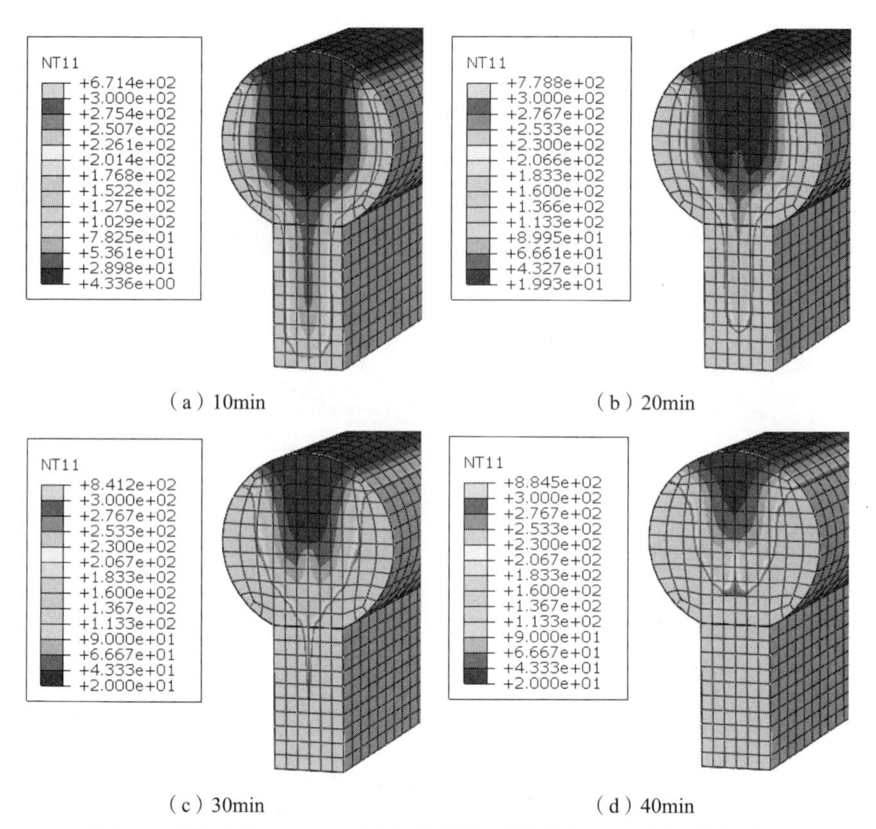

（a）10min （b）20min

（c）30min （d）40min

图 7–13 模型 D8L120A90 有螺钉截面不同时刻温度场分布云图（单位：℃）

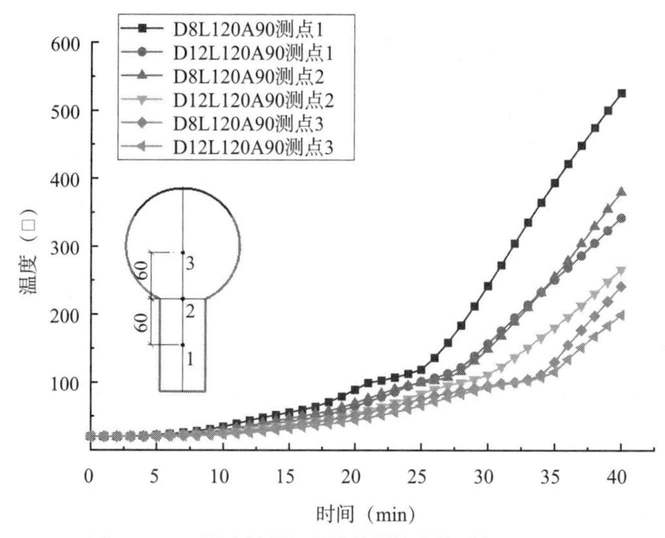

图 7–14 不同直径螺钉连接的拼接木梁测点温度对比

螺钉连接的拼接木梁的测点温度，表明增大螺钉直径后，螺钉吸热增加，减缓了木梁升温的速度。

3. 螺钉的温度场分布

拼接木梁三面受火，随着受火时间增加，木梁内部温度逐渐升高，螺钉处于拼接木梁内将会吸收木材传递的热量，因此随着受火时间增加，螺钉温度不断升高，同时热量也会由螺钉高温部分传递到螺钉低温部分。

螺钉沿跨中左右对称分布，以模型左半部分 9 颗螺钉为例，分析螺钉温度场的分布情况。采用有限元软件 ABAQUS 模拟出模型 D8L120A90、模型 D8L120A45 和模型 D12L120A90 不同时刻的螺钉温度，现分析受火 10min 和受火 20min 时的螺钉温度场。受火时间 10min 时三种模型的螺钉温度场分布云图如图 7–15 所示，受火时间 20min 时三种模型的螺钉温度场分布云图如图 7–16 所示。

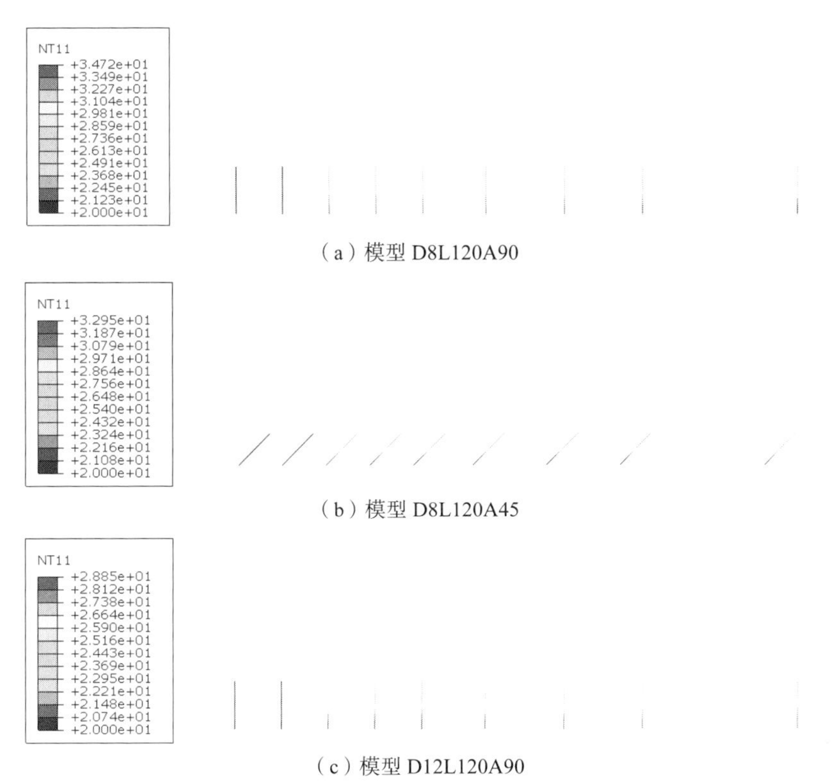

（a）模型 D8L120A90

（b）模型 D8L120A45

（c）模型 D12L120A90

图 7–15　螺钉温度场分布云图（受火 10min）

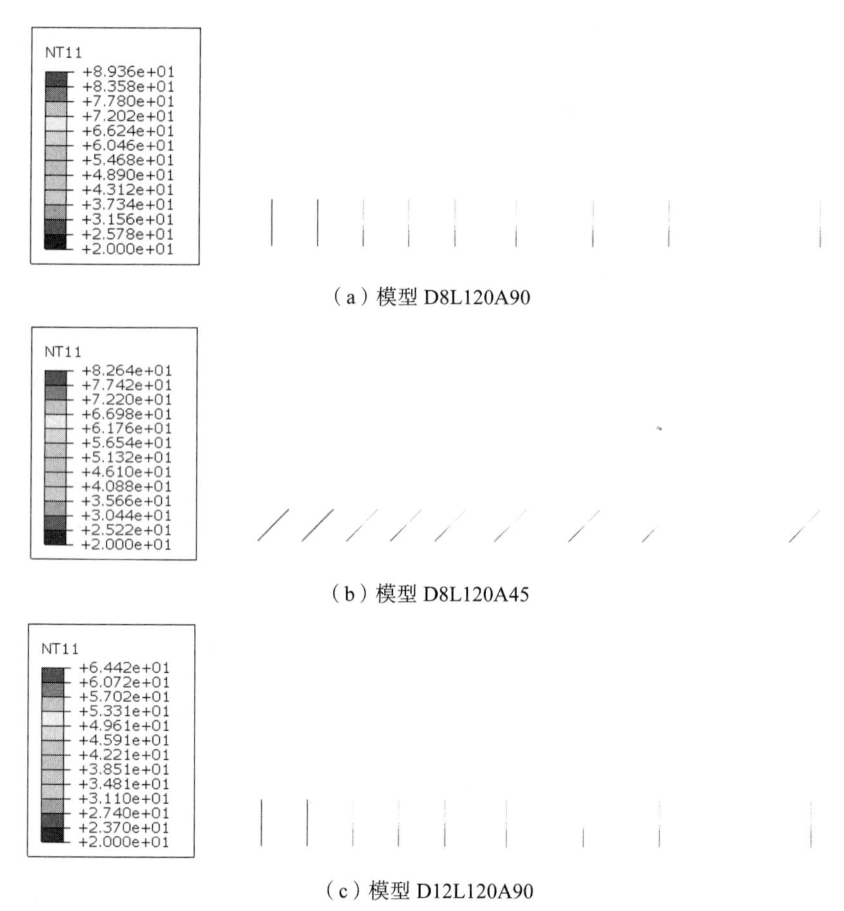

（a）模型 D8L120A90

（b）模型 D8L120A45

（c）模型 D12L120A90

图 7–16　螺钉温度场分布云图（受火 20min）

对三种模型的螺钉温度场分布云图进行对比，发现螺钉温度分布相似，最左侧两颗螺钉处在拼接木梁的绝热部分温度不变，其余螺钉表现为由下向上温度逐渐降低，即下部温度高、上部温度低，这是由于螺钉下部距离受火面的距离更近。

将模型 D8L120A90 和模型 D12L120A90 进行对比，受火 10min 时，直径 8mm 螺钉最高温度为 34.72℃，直径 12mm 螺钉最高温度为 28.85℃；受火 20min 时，直径 8mm 螺钉最高温度为 89.36℃，直径 12mm 螺钉最高温度为 64.62℃。可知直径 12mm 螺钉温度低于直径 8mm 螺钉，且直径 12mm 螺钉温度上升速度小于直径 8mm 螺钉，因此螺钉直径越大，温度升高所需热量越多，螺钉温度上升越慢，温度越低。

将模型 D8L120A90 和模型 D12L120A45 进行对比，受火 10min 时，直径 8mm 螺钉 45° 钉入最高温度为 32.95℃，而 90° 钉入最高温度为 34.72℃；受火 20min 时，直径 8mm 螺钉 45° 钉入最高温度为 82.64℃，而 90° 钉入最高温度为 89.36℃。可知 45° 钉入螺钉温度低于 90° 钉入，这是由于螺钉长度相同，均为 120mm，且在上下木梁中的嵌入长度相同，因此螺钉 45° 钉入较 90° 钉入时，螺钉距拼接木梁底部受火面的距离更远，从而温度较低。

7.3 物理拼接木梁耐火极限有限元分析

本节采用温度场 – 结构场间接耦合的方法，应用有限元软件 ABAQUS 对螺钉连接的竖向拼接木梁的耐火极限进行数值分析，分析持荷水平、螺钉直径和螺钉钉入角度对拼接木梁耐火极限的影响。

7.3.1 拼接木梁尺寸和材料

本节所研究的拼接木梁尺寸和材料与前面相同。拼接木梁为简支梁，承受竖直向下的均布荷载。拼接木梁由上圆木和下方木组成，在拼接木梁宽度中间沿长度方向布置 18 颗螺钉，拼接木梁的跨度为 3600mm。

木梁采用的是杉木，上圆木直径为 150mm，长度为 4000mm，下方木宽 × 高 × 长为 60mm × 120mm × 4000mm。

螺钉采用 4.8 级普通六角头木螺钉，螺钉分段均匀分布，螺钉长度为 120mm，螺钉钉入方木和圆木之中的长度相同，均为 60mm。螺钉直径为 8mm、10mm、12mm、16mm。螺钉钉入角度为 45°、60°、90°。

拼接木梁支座处设有钢垫块，垫块中心距梁端的距离为 200mm，垫块宽 × 高 × 长为 60mm × 20mm × 200mm。

7.3.2 拼接木梁耐火极限模型建立

1. 模型建立与网格划分

根据拼接木梁的尺寸创建各组成部件，并对上下木梁、螺钉和垫块进行合理装配。结构场网格划分和温度场相同，但需改变单元类型。木梁和垫块采用八节点线性六面体减缩积分单元（C3D8R），单元大小为10mm×12mm×20mm。螺钉采用两节点线性空间梁单元（B31），均匀布置21个种子，单元长度约为5.7mm，螺钉与木梁分割线设置为绑定在一起不发生滑移，相邻单元节点之间相互作用。拼接木梁有限元网格划分如图7–17所示。

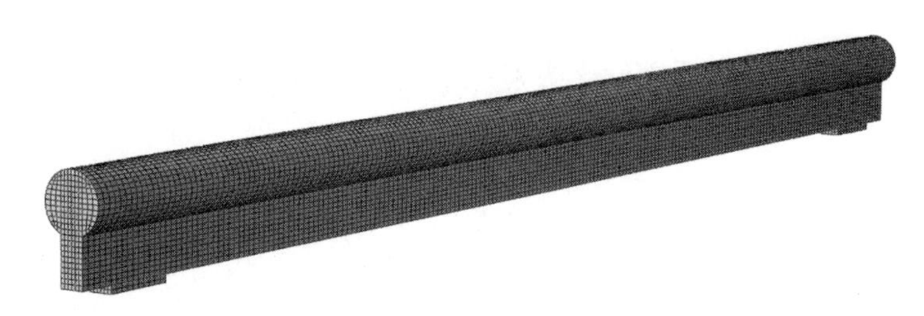

图7–17　拼接木梁有限元网格划分

2. 材料设置

在受火条件下，木材和钢材的性能随温度升高而降低，木材力学性能折减选用欧洲规范EC5（EN1995–1–2）的建议值，钢材力学性能折减选用欧洲规范EC3（EN1993–1–2）的建议值。

木材选用杉木，顺纹抗拉强度为74.93MPa，顺纹抗压强度为30.04MPa，顺纹抗剪强度为6.23MPa，木材的屈服强度取抗拉强度的65%，为48.7MPa。杉木的材料参数见表7–5。木材假设为正交各向异性材料，在有限元软件ABAQUS中，输入Engineering Constants来定义弹性属性，输入Yield Stress、Plastic Strain和Potential来定义塑形属性。

螺钉弹性模量为210000MPa，泊松比为0.3，屈服强度为320MPa，抗剪强度为224MPa，密度为7850kg/m^3，其力学性能随温度升高而降低。

垫块定义为刚性材料，其弹性模量为210000MPa，泊松比为0.3，密度为7850kg/m^3，其力学性能不随温度变化。

杉木材料参数　　表 7–5

弹性模量（MPa）			剪切模量（MPa）			泊松比		
E_L	E_R	E_T	G_{LR}	G_{LT}	G_{RT}	μ_{LR}	μ_{LT}	μ_{RT}
11417.12	1085.77	637.37	857.25	685.80	205.74	0.501	0.574	0.669

注：*L*、*R*、*T* 分别为顺纹纵向、横纹径向和横纹弦向。

3. 定义木材方向

木材简化为正交各向异性材料，因此需要建立局部坐标系定义木材方向，木材顺纹纵向为 *X* 方向，横纹径向为 *Y* 方向，横纹弦向为 *Z* 方向，木材方向如图 7–18 所示。

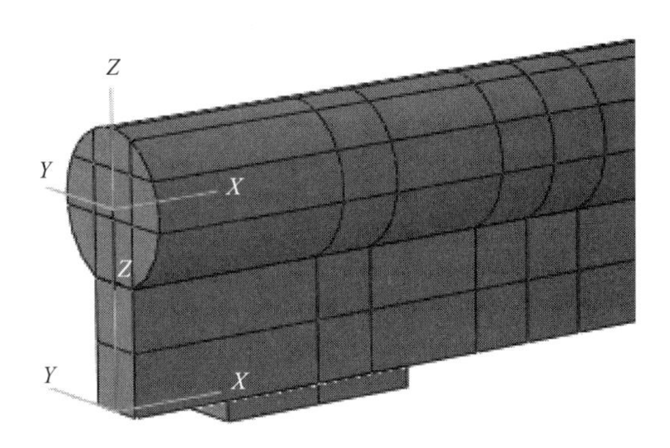

图 7–18　木材方向

4. 分析步设置

采用间接耦合法模拟拼接木梁的耐火极限，为了将荷载和温度按顺序先后加入模型之中，需要设置两个分析步，分析步 Step–1 用于施加荷载，分析步 Step–2 用于导入计算好的温度场。

5. 相互作用设置

圆木下表面和方木上表面设置为表面与表面接触，法向定义为硬接触来传递均布荷载作用下上下表面间的接触压力，切向不考虑摩擦。螺钉采用梁单元，木梁通过拆分在添加螺钉的地方分割出与螺钉长度相同的分割线，将螺钉与木梁分割线设置为绑定约束（Tie）。钢垫块上表面与木梁底面也设置为绑定约束（Tie）。

6. 荷载及边界条件

拼接木梁承受均布荷载，在圆木 60mm 弦长宽度范围内设置竖直向下的表面载荷，表面荷载沿拼接木梁跨度均匀分布。研究拼接木梁的耐火极限时，先给拼接木梁施加预定的荷载值，开始受火后荷载值保持不变。

通过设置预定义场来输入温度。为垫块设置预定义场 Predefined Field–1，垫块在分析步 Step–1 和 Step–2 中温度始终为 20℃。为木梁和螺钉设置预定义场 Predefined Field–2，木梁和螺钉在分析步 Step–1 中温度为 20℃，木梁和螺钉在分析步 Step–2 中通过导入文献 [1] 模拟得到的拼接木梁温度场 ODB 文件来定义不同时刻的温度。

拼接木梁为简支梁，左支座约束 X、Y、Z 方向（整体坐标系）的移动来模拟固定铰支座；右支座约束 X、Y 方向（整体坐标系）的移动来模拟活动铰支座。

7.3.3 耐火极限判定标准

为确定受火条件下拼接木梁何时丧失承载力需要规定一个判定标准。关于耐火极限的判定标准本节选用现行国家标准《建筑构件耐火试验方法》GB/T 9978.1 ~ 9978.9 中规定的方法，该标准根据木梁跨中挠度和跨中挠度变化率来综合判别木梁的耐火极限，认为当跨中挠度达到 $L^2/400d$（mm）或跨中挠度变化率大于 $L^2/9000d$（mm/min）时木梁达到耐火极限，其中 L 为梁跨度，d 为梁的直径。

本节所研究的拼接木梁跨度为 3600mm，截面高度为 263.7mm，根据上述标准规定的方法可求得拼接木梁耐火极限的判断标准为：

1）极限跨中挠度，$\frac{L^2}{400d}=\frac{3600^2}{400\times263.7}=122.87\text{mm}$。

2）极限跨中挠度变化率，$\frac{L^2}{9000d}=\frac{3600^2}{9000\times263.7}=5.46\text{mm/min}$。

7.3.4 耐火极限数值模拟结果及分析

本节通过有限元软件 ABAQUS 模拟不同工况下拼接木梁的耐火极限，主要分析持荷水平、螺钉直径、螺钉钉入角度对耐火极限的影响。采用控制变量的方法进行对比分析，研究拼接木梁模型不同时刻的竖向位移图，分析拼接木梁在荷载作用下的变形情况。模拟得到拼接木梁不同时刻的跨中挠度值，绘制拼接木梁跨中挠度－时间曲线，根据曲线分析受火过程中跨中挠度增长情况，判断何时拼接木梁达到耐火极限。

1. 持荷水平对拼接木梁耐火极限的影响

在受火条件下拼接木梁的荷载保持不变，持荷水平的大小对拼接木梁的耐火极限有很大影响。螺钉均采用 90° 钉入，对直径 8mm 和直径 12mm 螺钉连接的拼接木梁进行了数值模拟，研究模型 D8L120A90 和模型 D12L120A90 在持荷水平为 25%、37.5% 和 50% 三种情况下的耐火极限。通过模拟得到模型 D8L120A90 和模型 D12L120A90 常温下的受弯承载力分别为 28.056kN/m 和 30.912kN/m，因此可确定出预定的荷载值。通过分析不同持荷水平下拼接木梁的跨中挠度随受火时间的变化关系，研究持荷水平对拼接木梁耐火极限的影响。

通过有限元模拟得到了两种拼接木梁在不同持荷水平下的竖向位移图（竖向为拼接木梁高度方向）。两种木梁的竖向位移变化趋势相同，以模型 D12L120A90 为例，三种持荷水平下模型 D12L120A90 的竖向位移如图 7–19 ～图 7–21 所示。

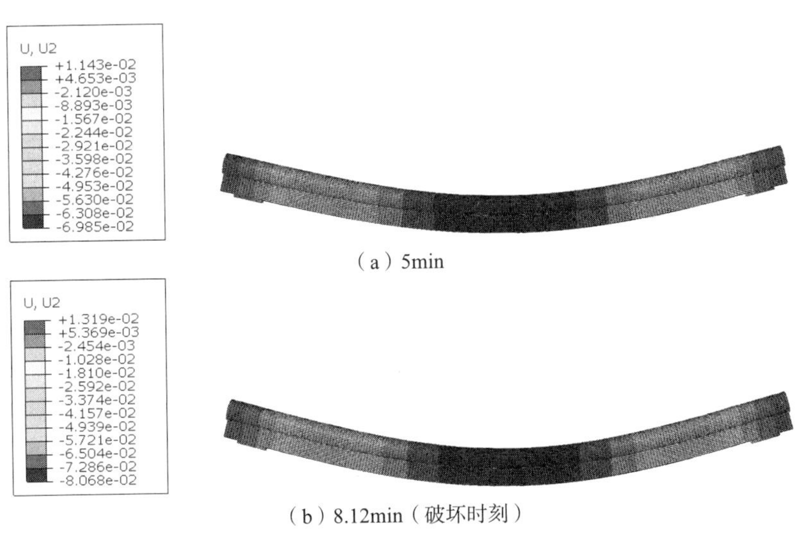

图 7–19　持荷水平 50% 情况下模型 D12L120A90 的竖向位移图（单位：m）

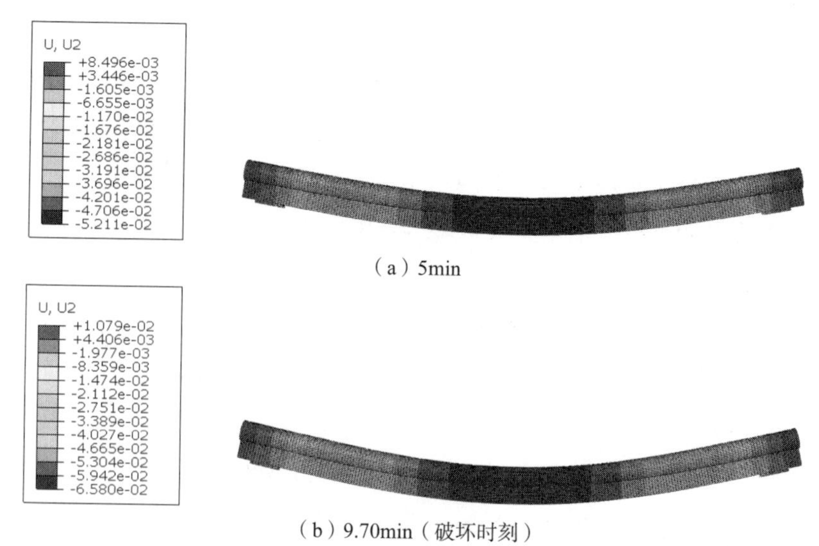

（a）5min

（b）9.70min（破坏时刻）

图 7–20　持荷水平 37.5% 情况下模型 D12L120A90 的竖向位移图（单位：m）

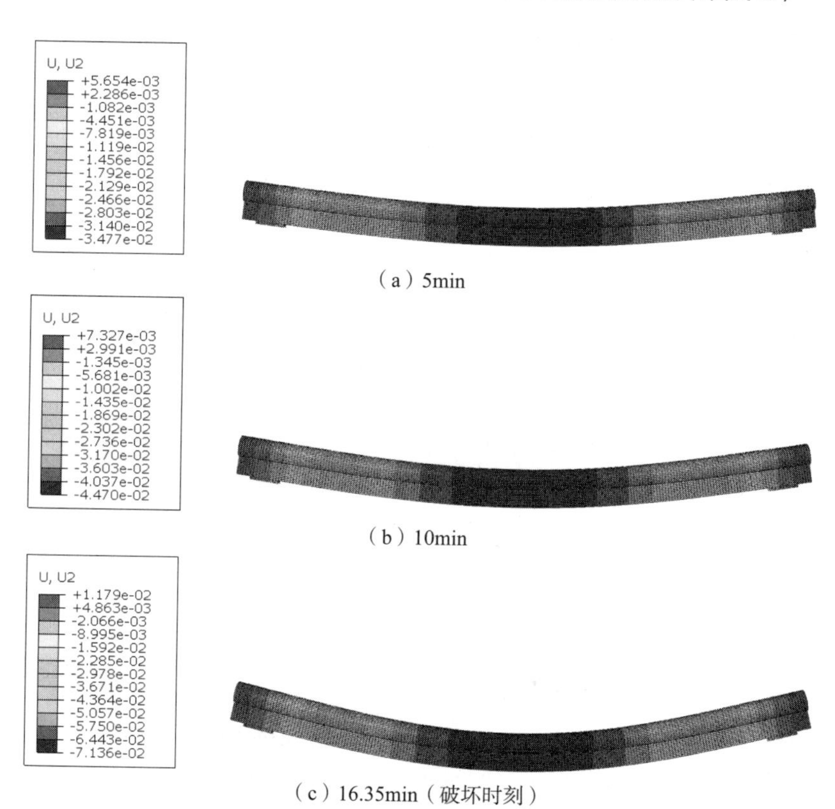

（a）5min

（b）10min

（c）16.35min（破坏时刻）

图 7–21　持荷水平 25% 情况下模型 D12L120A90 竖向位移图（单位：m）

在跨中梁底设置测点研究拼接木梁跨中挠度变化规律，根据测点不同时刻的竖向位移可得到不同持荷水平下拼接木梁的跨中挠度－时间曲线，如图 7–22 所示。对同一模型施加不同持荷水平的荷载，对比不同持荷水平下拼接木梁的跨中挠度－时间曲线，分析不同持荷水平下拼接木梁的耐火极限，以及持荷比改变对拼接木梁耐火极限的影响。

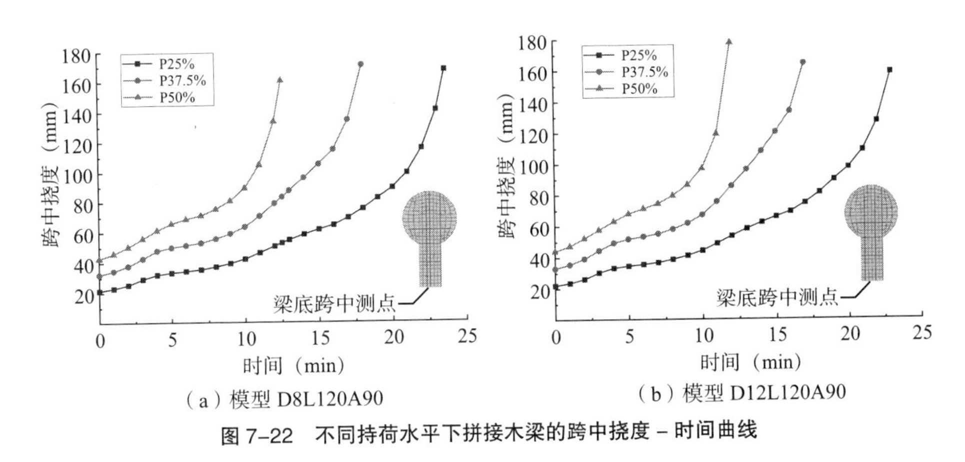

图 7–22　不同持荷水平下拼接木梁的跨中挠度－时间曲线

由拼接木梁跨中挠度－时间曲线可知，持荷水平越高跨中挠度增长越快，拼接木梁越早达到耐火极限。拼接木梁在受火初期挠度增长较慢，但随着受火时间增大有效截面逐渐减小，跨中挠度增长速率不断加快直至破坏。

根据拼接木梁跨中挠度随时间的变化关系，采用前述的耐火极限判定标准来判定拼接木梁的耐火极限，直径 8mm 螺钉连接和直径 12mm 螺钉连接的拼接木梁在不同持荷水平下的耐火极限见表 7–6。

根据不同荷载下同一拼接木梁的耐火极限，发现持荷水平越高，拼接木梁的耐火极限越低。对于直径 8mm 螺钉连接和直径 12mm 螺钉连接的拼接木梁，持荷水平由 25% 增大到 37.5%，耐火极限降低约 40%；持荷水平由 37.5% 增加到 50%，耐火极限降低约 15%。可知持荷水平由 25% 增大到 37.5% 对耐火极限的影响远高于持荷水平由 37.5% 增加到 50%。因此当荷载较小时改变荷载大小对拼接木梁耐火极限影响较大。

不同持荷水平下拼接木梁的耐火极限 表 7-6

试件编号	持荷水平	持荷值 (kN/m)	耐火极限		
			按跨中挠度变化率判别	按跨中挠度判别	综合判断
D8L120A90	25%	7.014	16min46s	22min23s	16min46s
	37.5%	10.521	10min01s	16min29s	10min01s
	50%	14.028	8min37s	11min43s	8min37s
D12L120A90	25%	7.728	16min21s	21min49s	16min21s
	37.5%	11.592	9min42s	15min24s	9min42s
	50%	15.456	8min07s	11min06s	8min07s

2. 螺钉直径对拼接木梁耐火极限的影响

螺钉均采用 90° 钉入，对模型施加相同的荷载，研究螺钉直径对拼接木梁耐火极限的影响。在非受火条件下，螺钉直径越大，拼接木梁的受弯承载力越大，破坏时的跨中挠度越小，本节对直径 8mm、10mm、12mm、16mm 螺钉连接的拼接木梁以及对不采用螺钉连接的叠合木梁的耐火极限进行模拟研究。

文献 [1] 模拟得模型 D16L120A90 的抗弯承载力为 31.248kN/m，以此为基准，分别对持荷水平为 50% 和 25% 两种情况下不同螺钉直径连接的拼接木梁耐火极限进行研究，因此所需施加的荷载分别为 15.624kN/m 和 7.812kN/m。

当荷载值为 15.624kN/m 时，通过有限元模拟得到叠合木梁和不同直径螺钉连接的拼接木梁在破坏时刻（达到耐火极限时）的竖向位移图，分别如图 7-23 和图 7-24 所示。对比叠合木梁和拼接木梁在失去承载力时的变形情况。

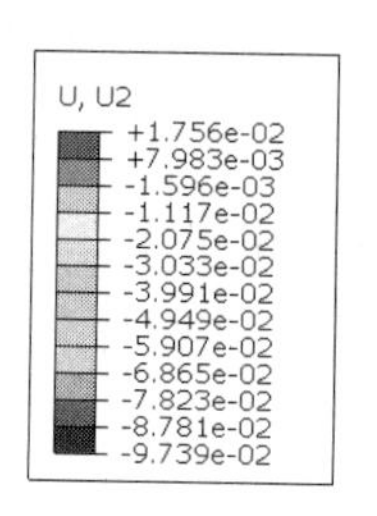

图 7-23 叠合木梁破坏时刻竖向位移图（单位：m）

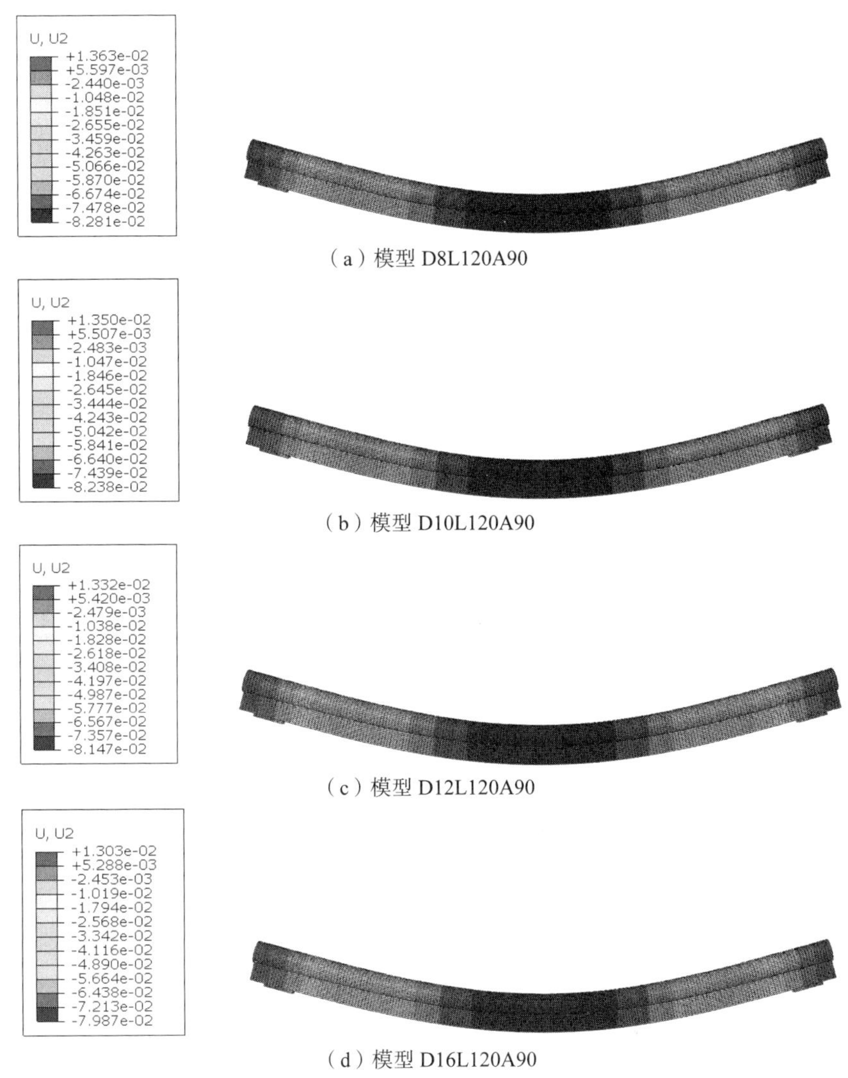

（a）模型 D8L120A90

（b）模型 D10L120A90

（c）模型 D12L120A90

（d）模型 D16L120A90

图 7-24　不同直径螺钉连接的拼接木梁破坏时刻竖向位移图（单位：m）

在拼接木梁和叠合木梁跨中梁底设置测点，测定受火过程中跨中挠度的增长情况，研究木梁跨中挠度变化规律。根据测得的不同受火时间的跨中挠度可绘制跨中挠度 – 时间曲线，如图 7-25 所示。对比叠合木梁和不同直径螺钉连接的拼接木梁的跨中挠度 – 时间曲线，可分析有无螺钉对耐火极限的影响以及螺钉直径对耐火极限的影响。

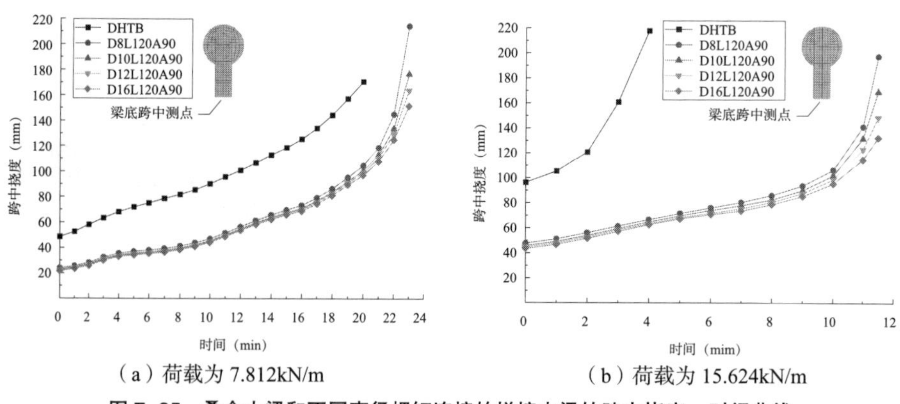

（a）荷载为 7.812kN/m　　（b）荷载为 15.624kN/m

图 7–25　叠合木梁和不同直径螺钉连接的拼接木梁的跨中挠度 – 时间曲线

由跨中挠度 – 时间曲线可知，叠合木梁的跨中挠度增长速率要快于拼接木梁。受火过程中，叠合木梁的跨中挠度几乎呈线性快速增长，拼接木梁前期跨中挠度增长慢，后期挠度增长加快。

采用前述的耐火极限判定标准来判定木梁的耐火极限，荷载为 7.812kN/m 和 15.624kN/m 时，未采用螺钉连接的叠合木梁和不同直径螺钉连接的拼接木梁的耐火极限，见表 7–7。

叠合木梁和不同直径螺钉连接的拼接木梁的耐火极限　　表 7–7

试件编号	螺钉直径 (mm)	持荷值 (kN/m)	耐火极限（min）		
			按跨中挠度变化率判别	按跨中挠度判别	综合判断
DHTB	—	7.812	12min14s	15min40s	12min14s
		15.624	20s	2min06s	2min06s
D8L120A90	8	7.812	16min14s	21min14s	16min14s
		15.624	7min26s	10min40s	7min26s
D10L120A90	10	7.812	16min16s	21min33s	16min16s
		15.624	7min53s	10min50s	7min53s
D12L120A90	12	7.812	16min18s	21min42s	16min18s
		15.624	8min04s	11min01s	8min04s
D16L120A90	16	7.812	16min21s	21min54s	16min21s
		15.624	8min07s	11min15s	8min07s

荷载为 15.624kN/m 时，采用不同直径螺钉连接的拼接木梁与叠合木梁相比，按跨中挠度判别和按跨中挠度增长率判别耐火极限分别提高约 5.2 倍和 23 倍。两种判别方式相差较大，根据实际情况建议采用跨中挠度判别，耐火极限提高约 5.2 倍。荷载为 7.812kN/m 时，采用不同直径螺钉连接的拼接木梁与叠合木梁相比，两种判别方式相差较小，耐火极限提高约 1.33 倍。由此可知拼接木梁的耐火性能均优于叠合木梁，且荷载越大拼接木梁和叠合木梁的耐火性能差异越大。

荷载为 15.624kN/m 时，与直径 8mm 螺钉连接的拼接木梁相比，直径 10mm、12mm、16mm 螺钉连接的拼接木梁的耐火极限分别提高 6.05%、8.52%、9.19%。荷载为 7.812kN/m 时，不同直径螺钉连接的拼接木梁耐火极限几乎相同。荷载值越大拼接木梁跨中挠度增长越快，能燃烧的时间越短，剩余有效截面越大，螺钉对保持承载力的作用越大，螺钉直径对拼接木梁耐火极限的影响越显著。

3. 螺钉钉入角度对拼接木梁耐火极限的影响

研究螺钉钉入角度对拼接木梁耐火极限的影响，以直径 8mm、12mm 螺钉连接的拼接木梁为研究对象，分析螺钉钉入角度为 45°、60° 和 90° 时拼接木梁耐火极限的差异。

施加相同的荷载，研究相同螺钉以不同角度钉入后对耐火极限的影响。由模拟可知，模型 D8L120A45 的受弯承载力为 31.248kN/m，模型 D12L120A45 的受弯承载力为 31.416kN/m，持荷水平为 25% 和 50% 两种情况下，8mm 螺钉连接的拼接木梁施加的荷载分别为 7.812kN/m 和 15.624kN/m，12mm 螺钉连接的拼接木梁施加的荷载分别为 7.854kN/m 和 15.708kN/m。以 8mm 螺钉连接的拼接木梁为例，分析拼接木梁达到耐火极限时的变形，两种荷载下拼接木梁破坏时的竖向位移图分别如图 7–26 和图 7–27 所示。

在拼接木梁跨中梁底设置测点，测定受火过程中跨中挠度的增长情况，研究拼接木梁跨中挠度变化规律。荷载分别为 7.812kN/m 和 15.624kN/m 两种情况下直径 8mm 螺钉连接的不同钉入角度下的拼接木梁的跨中挠度–时间曲线如图 7–28 所示。荷载分别为 7.854kN/m 和 15.708kN/m 两种情况下直径 12mm 螺钉连接的不同钉入角度下的拼接木梁的跨中挠度 – 时间曲线如图 7–29 所示。根据前述判定标准判别不同螺钉钉入角度下的拼接木梁的耐火极限，见表 7–8。

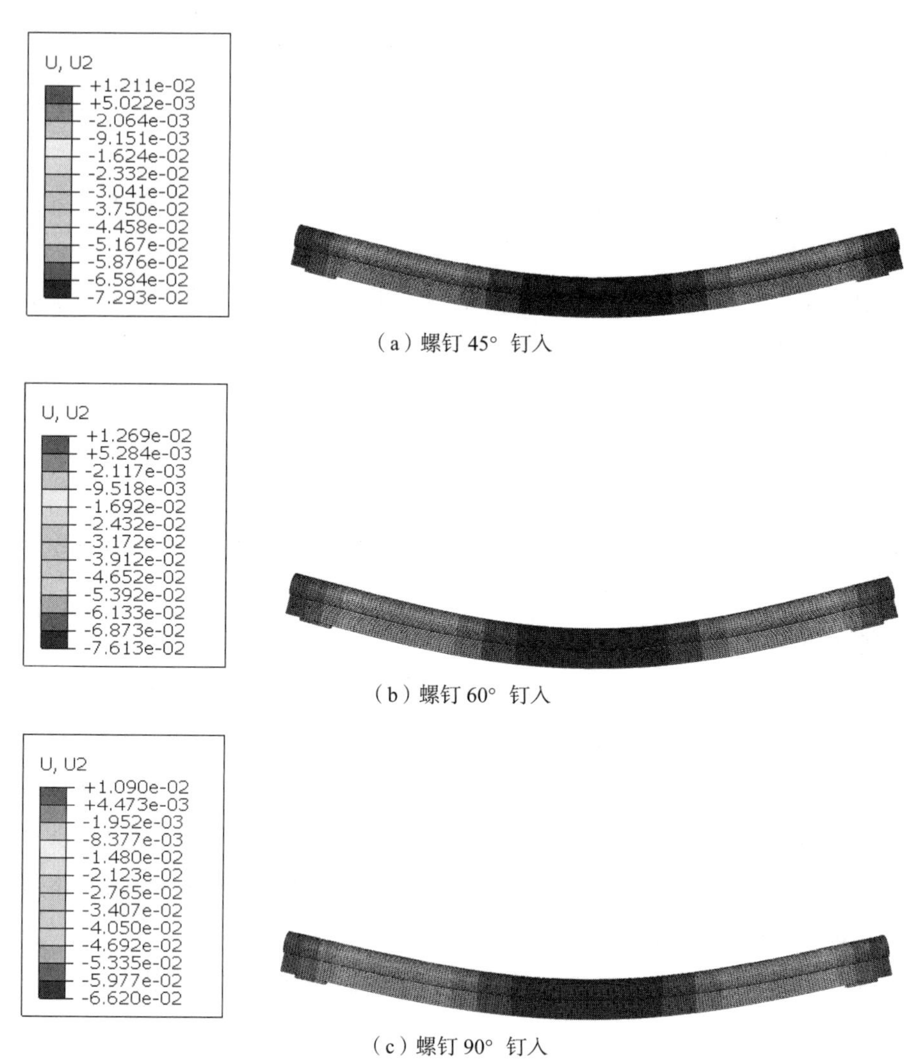

（a）螺钉 45° 钉入

（b）螺钉 60° 钉入

（c）螺钉 90° 钉入

图 7–26　荷载为 7.812kN/m 时 8mm 螺钉连接的拼接木梁破坏时的竖向位移图（单位：m）

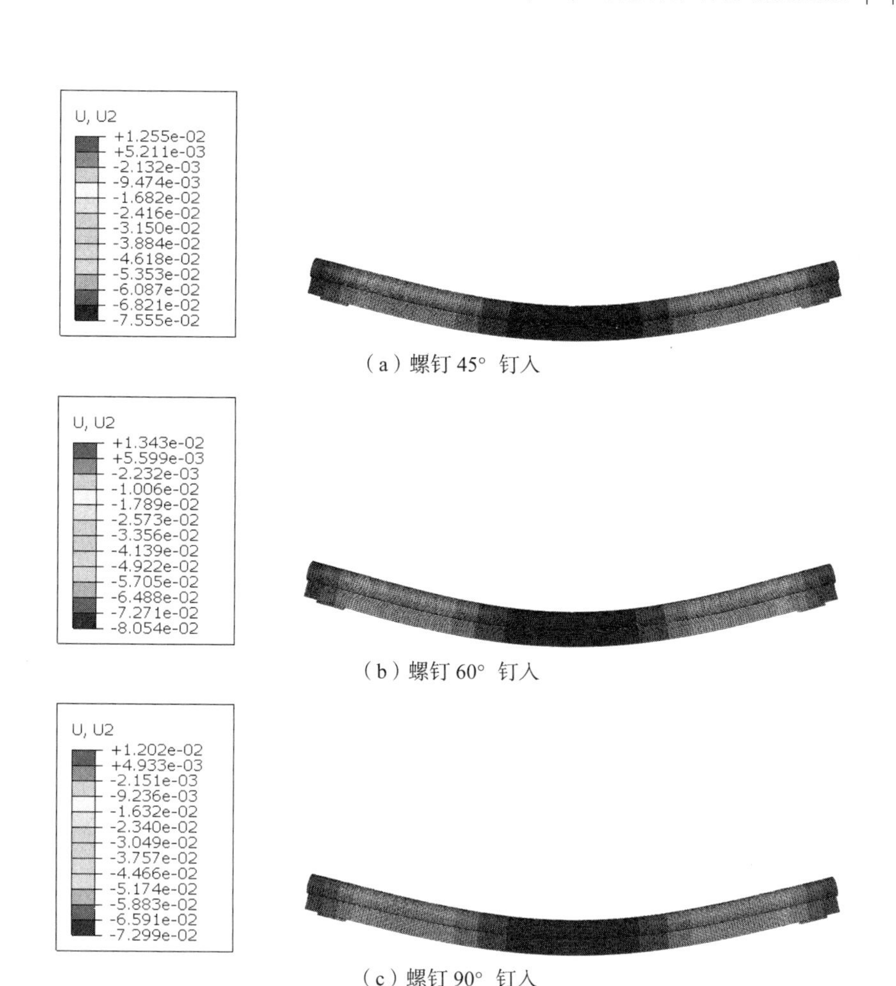

（a）螺钉 45° 钉入

（b）螺钉 60° 钉入

（c）螺钉 90° 钉入

图 7–27　荷载为 15.624kN/m 时 8mm 螺钉连接的拼接木梁破坏时的竖向位移图（单位：m）

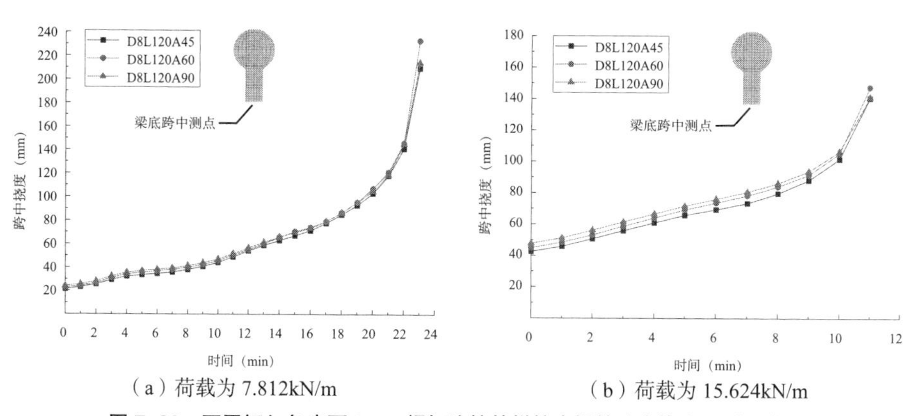

（a）荷载为 7.812kN/m　　（b）荷载为 15.624kN/m

图 7–28　不同钉入角度下 8mm 螺钉连接的拼接木梁的跨中挠度 – 时间曲线

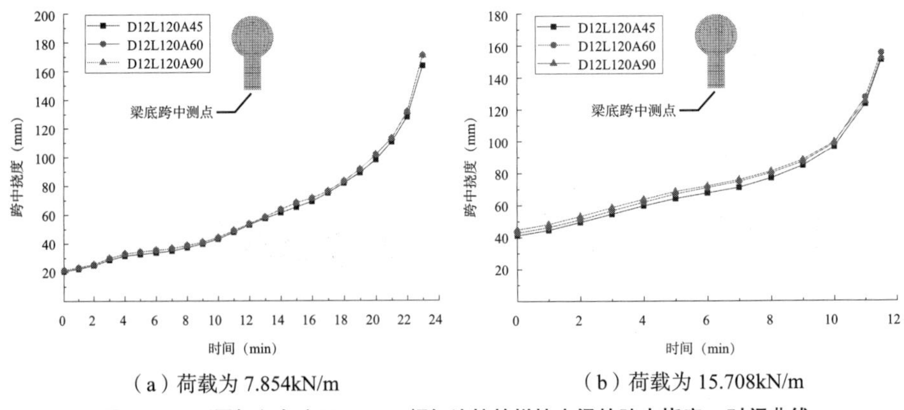

（a）荷载为 7.854kN/m （b）荷载为 15.708kN/m

图 7–29 不同钉入角度下 12mm 螺钉连接的拼接木梁的跨中挠度 – 时间曲线

不同螺钉钉入角度下拼接木梁的耐火极限 表 7–8

试件编号	螺钉直径（mm）	螺钉钉入角度（°）	持荷值（kN/m）	耐火极限		
				按跨中挠度变化率判别	按跨中挠度判别	综合判断
D8L120A45	8	45	7.812	16min11s	21min16s	16min11s
D8L120A60		60	7.812	16min21s	21min08s	16min21s
D8L120A90		90	7.812	16min14s	21min14s	16min14s
D8L120A45	8	45	15.624	7min25s	10min44s	7min25s
D8L120A60		60	15.624	7min26s	10min39s	7min26s
D8L120A90		90	15.624	7min26s	10min40s	7min26s
D12L120A45	12	45	7.854	16min13s	21min45s	16min13s
D12L120A60		60	7.854	16min26s	21min38s	16min26s
D12L120A90		90	7.854	16min17s	21min39s	16min17
D12L120A45	12	45	15.708	7min53s	11min0s	7min53s
D12L120A60		60	15.708	8min04s	10min55s	8min04s
D12L120A90		90	15.708	8min02s	10min59s	8min02s

通过比较不同螺钉钉入角度下拼接木梁的跨中挠度－时间曲线和不同螺钉钉入角度下拼接木梁的耐火极限可知，当螺钉直径和荷载相同时，改变螺钉的钉入角度，拼接木梁的耐火极限基本不变，因此螺钉钉入角度对拼接木梁的耐火极限几乎没有影响。

7.4　本章小结

本章主要模拟“物理拼接木梁”的耐火性能，其他适合村镇木结构使用的适宜性构件的耐火性能模拟，比如复合支撑、复合望板、榫卯节点等主要构件及子结构的耐火性能数值模拟，将在后续的书籍中详细介绍。

本章参考文献

[1] 刘永军，李亚雄. 竖向物理拼接木梁抗弯性能数值模拟 [J]. 沈阳建筑大学学报，2022，38（3）: 444–451.

[2] 李亚雄. 村镇建筑物理拼接木梁耐火性能研究 [D]. 沈阳：沈阳建筑大学，2022.

第8章

展望

村镇火灾防控策略与技术，涉及多个学科的知识，需要各方面的专家学者持续努力加以丰富和发展，作者希望本书能够起到抛砖引玉的作用。未来若干年，需要在以下几个方面开展工作：

（1）继续加强村镇火灾相关基础研究。木结构村镇建筑内部的火灾蔓延过程、建筑之间的直接火灾蔓延过程、带火飞屑引起的隔空蔓延过程、连片着火建筑之间的火焰融合过程等，受到很多因素影响，各因素之间相互交织耦合，纷繁复杂，还需要开展大规模的模型实验、研究先进的数值分析方法、开发高效的计算机模拟软件。

（2）不断拓宽研究范围。我国地域辽阔，各地区村镇建筑风格迥异，目前的研究主要聚焦于西南地区的连片木结构建筑，还有很多不同类型的村镇建筑迫切需要开展火灾防控研究，比如，福建土楼，是典型的夯土－木结构建筑，是重要的世界文化遗产，体量大，距离近，可燃物多，是后续的研究重点之一。

（3）持续加强火灾防控理论研究。本书提出的“村寨火灾多尺度防控策略”，还处于初级阶段，需要不断吸收火灾科学、安全科学等相关学科的理论成果，形成系统完善的“村镇火灾多尺度防控理论”，科学指导村镇火灾防控实践。

（4）开展适宜性结构技术的深入研究。本书提出的“适宜性结构技术”，有效提升了单个构件的耐火性能，改变了木结构建筑的火灾破坏模式，使得“单个构件渐次破坏模式”变为“子结构共同破坏模式”，延长了整个结构的耐火时间。其中，“子结构共同破坏模式”中的内力变化、坍塌破坏的数值计算模型等方面还需要进行深入研究。

（5）开展既有适宜性结构技术应对多种灾害的研究。本书提出的适宜性结构技术，可以有效提升木结构村镇建筑的抗火性能，初步研究表明，一些技术还可以不同程度地提升木结构村镇建筑的抗震、抗风、抗洪、抗冲击性能。通过研究，对这些技术加以进一步改进和完善，就可以更好地在多种不同灾害作用下发挥积极作用，乃至应对多重灾害耦合作用。

（6）继续丰富和发展村镇火灾防控的新型适宜性结构技术。目前，土木工程领域和其他相关领域都在迅猛发展，新的材料、新的技术不断涌现，积极借鉴和改进这些最新科技成果并应用到村镇建筑的防灾减灾之中，有大量研究工作要做。

（7）鼓励高效绿色阻燃剂的研发和应用。和钢材、混凝土、黏土砖、石材等建筑材料相比，木材的最大缺点是可以燃烧，因此，针对木材研发和应用阻燃剂对木结构村镇建筑的火灾防控具有至关重要的作用。国内有些公司已经研发出来了可靠的水基透明阻燃剂等绿色产品，建议各级政府采取鼓励必要的措施，大力宣传和推广，拓展应用范围。

（8）改进、简化城市火灾防控的各种先进成果。对消防领域的先进的理念、理论、方法、技术，比如，绿色消防理念、智慧消防理论、高压细水雾技术、自流式灭火系统等，进行合理改造、移植、简化，在广大乡村中推广使用。吸收各个学科领域的最新研究成果，把“适宜性结构技术”扩展成“适宜性技术体系”，更好地服务于村镇建筑火灾防控。

（9）制定适宜性的村镇消防规划指南、村镇火灾防控技术指南。把本书提出的“火灾跨区蔓延阻隔带”“多尺度防控策略”“适宜性结构技术”等内容写进指南，促使科研成果落地，切实发挥应有的作用。

（10）加强队伍建设、文化建设。加强专职和兼职消防队伍建设，科学管理、认真演练、定期检查。利用多媒体等现代技术，制作村镇居民喜闻乐见的视频、音频资料，积极宣讲，提升大众火灾防控意识，培育新时代用火文化、防灾文化。

民族要复兴，乡村必振兴。作者希望更多有识之士投身于村镇火灾的“多尺度防控理论”和“适宜性防控技术”的研究、开发、宣传、推广等方面的工作，携手绘就韧性乡村、平安乡村、宜居乡村、宜业乡村、幸福乡村的和美画卷!

本章参考文献

[1] Yongjun Liu，et al.（2019）Research Progresses and Needs on Fire Safety of Rural Building in Southern Region of China[C]. IOP Conference Series: Earth and Environmental Science，371：032083.

[2] Hanmin Huang. Fujian's Tulou：A Treasure of Chinese Traditional Civilian Residence[M]. Singapore：Springer Verlag，2020.

[3] 许吉航，刘潇，肖大威 . 绿色建筑设计是适宜性技术与艺术结合的创新 [J]. 南方建筑，2010，30（1）: 57–59.

[4] 孟东伟，吴冬平，姚崑，苏振华，关明福 . 水性木材浸注防火剂及防火木材 [J]. 消防科学与技术，2018，37（4）: 527–529.

[5] 张福好 . 关于“智慧消防”建设的实践与思考 [J]. 中国消防，2017，38（8）: 40-43.

[6] Yongjun Liu，et al.（2021）Mechanism and Preventive Measures of External Fire Spread in Southwest Chinese Traditional Villages[C]. IOP Conference Series: Earth and Environmental Science，643：012149.